COMPAGNIE DU CHEMIN DE FER

DE

PARIS A ORLÉANS

1402

COLLECTION DES ORDRES GÉNÉRAUX

J.

13633

COMPAGNIE DU CHEMIN DE FER

DE

PARIS A ORLÉANS

SERVICE DE L'EXPLOITATION

(INSPECTION GÉNÉRALE DU MOUVEMENT)

COLLECTION

DES

ORDRES GÉNÉRAUX

PARIS

IMPRIMERIE CENTRALE DES CHEMINS DE FER DE NAPOLÉON CHAIX ET Cᵉ

RUE BERGÈRE, 20, PRÈS DU BOULEVARD MONTMARTRE.

1854.

CLASSEMENT DES ORDRES

DU

SERVICE DE L'EXPLOITATION

Les Ordres généraux, Instructions, Avis et Ordres du jour relatifs au service de l'Exploitation forment deux collections.

La première comprend les Ordres généraux sous le titre de Collection des Ordres généraux.

La seconde est formée des Instructions, Avis et Ordres du jour sous le titre de Collection des Instructions et Avis.

Les *Ordres généraux* ont pour but de régler l'organisation d'une partie du service et d'assurer l'exécution des Règlements rendus en vertu des Lois et Cahiers des charges. Ils émanent du Directeur de la Compagnie ou sont revêtus de son approbation. Ils sont soumis, lorsqu'il y a lieu, à l'approbation de l'administration publique.

Les *Instructions et Avis* comprennent les dispositions de détail prescrites en exécution des Ordres généraux qu'ils expliquent, commentent ou rappellent.

Les *Ordres du jour* sont destinés à porter à la connaissance du personnel les mesures disciplinaires ou autres, arrêtées par le Conseil d'administration.

Les Ordres généraux sont réunis en volumes et classés par numéros d'ordre depuis 1 jusqu'à 100.

Les Instructions, Avis et Ordres du jour sont également réunis en volumes et classés par numéros d'ordre à partir du n° 101.

Un ou plusieurs exemplaires de chacune de ces collections seront déposés dans les gares et stations, dans les Bureaux de ville et dans chacun des Bureaux de l'Administration centrale. Une collection sera également remise aux Employés que leurs fonctions appellent à surveiller l'exécution d'une partie du service. Les exemplaires ainsi délivrés seront distribués sur État d'émargement et portés sur inventaire pour la valeur de 20 francs, à la charge de l'Employé qui les aura reçus.

Aussitôt après l'envoi du premier volume de la Collection des Ordres généraux, les Chefs de gare et de station devront classer et conserver avec soin les Ordres continuant cette série, au fur et à mesure de leur réception. Ils les distribueront, lorsqu'il y aura lieu, sur État d'émargement, aux Employés qui auront à en prendre connaissance.

En ce qui concerne la Collection des Instructions et avis, les Chefs de gare et de station devront, à dater de l'envoi du premier volume, prendre copie, sur un registre à ce destiné, dit

Registre d'Ordres, de tous les Ordres de cette nature, continuant la série des numéros de la collection, qui leur seront envoyés. Ils les communiqueront aux Employés qu'ils intéressent en leur faisant signer le Registre d'Ordres, afin qu'aucun d'eux ne puisse arguer d'ignorance.

Les Inspecteurs principaux sont chargés de la stricte application de ces mesures, que les Inspecteurs du mouvement doivent surveiller d'une manière spéciale. Ils s'assureront fréquemment du classement des Ordres généraux et de la bonne tenue des Registres d'Ordres. Ils viseront et parapheront ces Registres au moins une fois par mois, en rendant compte, au rapport, de leurs observations sur cette partie essentielle du service.

Les Ordres antérieurs à ces nouvelles collections sont annulés.

Paris, le 1er juillet 1854.

Proposé par le Chef de l'Exploitation,

Signé : E. SOLACROUP.

Approuvé par le Directeur de la Compagnie,

Signé : C. DIDION.

PARIS — IMPRIMERIE CENTRALE DE NAPOLÉON CHAIX ET Cie, RUE BERGÈRE, 20.

SOMMAIRE

§ II. — *Secours.*

Marche avec bulletin de prolongation.

Marche ordinaire sans bulletin de prolongation.

§ III. — *Trains spéciaux.*

N° 10. ORDRE GÉNÉRAL RÉGLANT LES RAPPORTS DES SERVICES DE L'EXPLOITATION ET DE LA RÉGIE DE LA TRACTION.

§ I. — *Extraits du cahier des charges de la Régie de la traction dont la connaissance importe au service des gares et stations et des trains.*

Conditions générales.

Conditions de service.

Conditions diverses.

Prix de traction et d'entretien.

§ II. — *Expédition des trains et des machines. — Constatation contradictoire par les Employés de la Compagnie et les Agents de la Régie, des retards, des avaries et du parcours des véhicules de toute nature.*

§ III. — *Signaux aux Mécaniciens pour les manœuvres des trains dans les gares.*

§ IV. — *Expédition des machines de réserve. — Mesures à prendre en cas de secours.*

TABLEAU DE LA COMPOSITION MAXIMUM DES TRAINS.

TABLEAUX DU NOMBRE DES GARDES-FREINS A PLACER DANS LES TRAINS, SUIVANT LEUR COMPOSITION ET LEUR VITESSE NORMALE.

N° 11. ORDRE GÉNÉRAL RÉGLANT LA RÉPARTITION DU MATÉRIEL SUR LES DIVERSES SECTIONS DU RÉSEAU.

N° 15. ORDRE GÉNÉRAL POUR LES SOINS A PRENDRE DANS LES TEMPS DE NEIGE ET DE VERGLAS.

N° 16. ORDRE GÉNÉRAL POUR LA MANŒUVRE ET L'ENTRETIEN DES PLAQUES TOURNANTES.

§ I. — *Manœuvre et entretien par les Agents de l'Exploitation.*

§ II. — *Inspection et entretien par les Agents de la voie.*

§ III. — *Plaque des dépôts.*

N° 17. ORDRE GÉNÉRAL POUR LA SURVEILLANCE, L'ENTRETIEN ET L'USAGE DU TÉLÉGRAPHE ÉLECTRIQUE.

§ I. — *Attributions.*

§ II. — *Surveillance des fils et des poteaux.*

§ III. — *Entretien et surveillance des appareils intérieurs.*

§ IV. — *Usage du télégraphe.*

§ V. — *Transmission des signaux.*

§ VI. — *Communication directe par l'isolement des postes intermédiaires.*

§ VII. — *Enregistrement des dépêches.*

§ VIII. — *Précautions à prendre en cas d'orage. — Manœuvre des paratonnerres.*

§ IX. — *Signaux d'essai et d'exercice.*

§ X. — *Appareils portatifs pour les trains en marche.*

§ XI. — *Usage des appareils de la Compagnie pour le service de l'État.*

§ XII. — *Faculté offerte aux voyageurs d'user des appareils de la Compagnie aux conditions et suivant le tarif déterminé par la loi sur la correspondance privée.*

N° 26. Ordre général réglant l'échelle et le mode de versement des cautionnements.

Tableau de la classification des gares et stations.

Gares principales.

Gares secondaires.

Stations de 1re classe.

Stations de 2e classe.

Stations de 3e classe.

Échelle des cautionnements.

N° 27. Ordre général réglant la tenue uniforme des employés des gares et stations et des trains.

§ I. — *Inspecteurs et Chefs des gares principales.*

§ II. — *Contrôleurs du mouvement, Chefs des gares secondaires, Chefs de bureau des Bureaux Spéciaux de la Compagnie dans les villes de province et du Bureau Central à Paris.*

§ III. — *Sous-Chefs des gares principales.*

§ IV. — *Receveurs.*

§ V. — *Chefs de station, Chefs de nuit, Sous-Chefs des gares secondaires et Chefs des Bureaux Succursales du Bureau Central à Paris.*

§ VI. — *Facteurs-Chefs.*

§ VII. — *Contrôleurs-Chefs, Brigadiers des Sous-Facteurs et Facteurs-Enregistrants.*

§ VIII. — *Surveillants et Gardiens-Portiers.*

§ IX. — *Facteurs-Contrôleurs, Facteurs-Receveurs des stations-barrière et Facteurs de nuit des stations.*

Titre II. — *Du matériel employé à l'exploitation.*

Titre III. — *De la composition des convois.*

Titre IV. — *Du départ, de la circulation et de l'arrivée des convois.*

Titre V. — *De la perception des taxes et des frais accessoires.*

Titre VI. — *De la surveillance de l'exploitation.*

Titre VII. — *Des mesures concernant les voyageurs et les personnes étrangères au service du chemin de fer.*

Titre VIII. — *Dispositions diverses.*

PARIS. — IMPRIMERIE CENTRALE DES CHEMINS DE FER DE NAPOLÉON CHAIX ET Cᵉ, RUE BERGÈRE, 20.

ORDRE GÉNÉRAL

N° 1

RÉGLANT

L'ORGANISATION DU SERVICE DE L'EXPLOITATION.

---

§ Ier.

CHEF DE L'EXPLOITATION.

Le service de l'Exploitation est géré sous les ordres immédiats du Directeur, par un fonctionnaire qui prend le titre de Chef de l'Exploitation.

§ II.

INSPECTEURS GÉNÉRAUX.

Sous les ordres du Chef de l'Exploitation, des Inspecteurs généraux veillent à la bonne marche du service. Ils étudient et préparent les affaires qui leur sont renvoyées. En outre, ils peuvent être chargés de l'expédition de certaines catégories d'affaires courantes dont la nature sera déterminée par le Directeur, sur la proposition du Chef de l'Exploitation.

L'un d'eux, qui prend le titre d'Inspecteur général des Affaires commerciales, s'occupe du trafic de la Compagnie et des moyens de l'augmenter et de l'améliorer ; il étudie les tarifs et les traités à présenter à l'approbation du Directeur de la Compagnie et du Conseil d'administration. Il suit et contrôle les travaux du Bureau commercial et du Bureau de la Statistique.

Un second, qui prend le titre d'Inspecteur général du Mouvement, s'occupe spécialement de toutes les mesures intéressant le mouvement des trains, la réception, la manutention et la livraison des marchandises ; la tenue et la police des gares et stations. Il suit et contrôle les travaux des Bureaux du Mouvement et du contrôle des frais de traction à l'Administration centrale.

Un troisième prend le titre de Vérificateur général de la Comptabilité de l'Exploitation. Il veille à la bonne application des tarifs approuvés par le Conseil, à l'ordonnancement des détaxes, à la liquidation des créances de la Compagnie. Il suit et contrôle les travaux du bureau de la vérification des taxes, du bureau de la récapitulation des produits et du bureau des recettes.

Les Inspecteurs généraux ont autorité sur tous les employés et agents du service de l'Exploitation.

§ III.

SERVICE ACTIF.

Le réseau est divisé en trois Inspections ; à la tête de chacune d'elles se trouve un Inspecteur principal de l'exploitation.

La première Inspection comprend les sections de Paris à Orléans et à Corbeil, d'Orléans à Tours et d'Orléans à Vierzon.

La deuxième Inspection comprend les sections de Tours à Bordeaux et de Tours à Nantes.

Enfin, la troisième Inspection comprend les sections de Vierzon à Limoges et de Vierzon à Nevers et à Clermont.

Il est adjoint à chaque Inspecteur principal de l'Exploitation le nombre d'Inspecteurs et de Contrôleurs du Mouvement nécessaire pour assurer le service de son inspection.

Les Inspecteurs principaux de l'Exploitation correspondent directement avec le Chef de l'Exploitation, auquel ils font connaître tous les faits de leur gestion, et auquel ils proposent toutes les mesures intéressant le service de leur inspection.

Ils ont pour attributions spéciales :

1° D'assurer la bonne marche des trains ;

2° De veiller à la bonne répartition du matériel ;

3° De faire toutes propositions relatives au choix et à la discipline du personnel des gares et stations et des trains ;

4° De préparer les feuilles de solde du personnel de leur inspection ;

5° D'examiner et d'accéder, s'il y a lieu, aux demandes de permission n'excédant pas quarante-huit heures, et de soumettre, avec leurs observations au Chef de l'Exploitation, les demandes de permissions plus longues ;

6° De transmettre au Chef de l'Exploitation (inspection générale du mouvement), avec leurs observations, les rapports journaliers des Chefs de gare et de station ;

7° D'assurer la bonne manutention de la marchandise dans les gares ;

8° De contrôler le factage et le camionnage ;

9° De surveiller les correspondances de la Compagnie pour la réexpédition des voyageurs et des marchandises ;

10° De diriger les gares et stations dans la régularisation des expéditions en souffrance et la préparation des transactions que pourrait entraîner cette régularisation ;

11° De veiller à ce que les écritures des gares soient convenablement tenues et d'accord avec celles de l'Administration centrale.

Les Inspecteurs principaux ont autorité sur tous les agents de leur inspection, même sur les employés et agents qui y seraient envoyés en mission. Ils adressent tous les jours au Chef de l'Exploitation (inspection générale du mouvement) un rapport dans lequel ils lui font connaître :

1° Les circonstances principales de l'Exploitation ;

2° Les mesures qu'ils ont cru devoir prendre sous leur propre responsabilité ;

3° Les propositions qu'ils ont à faire.

Leur premier devoir est, en toutes circonstances, d'éclairer l'Administration centrale sur la marche du service et les faits de leur gestion.

§ IV.

BUREAUX DE L'ADMINISTRATION CENTRALE.

A l'Administration centrale, le travail est réparti dans huit Bureaux, dont les attributions sont déterminées comme il suit :

1° *Bureau central de l'Exploitation.* — Expédition et réception de toute la correspondance. Renvoi des affaires dans les autres Bureaux. Centralisation de la comptabilité de tout le service.

2° *Bureau du Mouvement.* — Dépouillement des rapports journaliers des inspecteurs principaux, des inspecteurs et contrôleurs du mouvement et des gares et stations. Préparation des ordres à donner sur la ligne pour le mouvement des trains, pour la tenue, la police et l'approvisionnement en objets de consommation des gares et stations. Affiches et publications concernant le service du chemin de fer et de ses correspondances. Inventaires annuels du mobilier des gares et stations. Personnel de la ligne.

3° *Bureau du Contrôle des frais de traction.* — Statistique de la composition des convois et de la circulation du matériel. Contrôle de la répartition du matériel. Règlement des frais de traction.

4° *Bureau commercial.* — Réception du public. Réclamations ; suite à leur donner. Règlement des litiges. Correspondance commerciale. Préparation des tarifs et des traités. Dépouillement des rapports commerciaux des gares et stations.

5° *Bureau de la Statistique.* — Statistique générale des transports effectués par le Chemin de fer et ses correspondances.

6° *Bureau de la vérification des taxes.* — Vérification des taxes appliquées.

7° *Bureau de la récapitulation des produits.* — Situation financière des gares et stations. Etablissement des produits de l'Exploitation.

8° *Bureau des Recettes.* — Tenue des comptes courants. Ordonnancement des subventions, des détaxes et non-valeurs. Remboursements.

Les Chefs de Bureau sont responsables envers le Chef de l'Exploitation du travail de leur Bureau et de la prompte expédition des affaires qui en dépendent. Ils lui font toutes propositions relatives à la discipline, à l'avancement des employés placés sous leurs ordres, et préparent et certifient leurs états de solde. Ils préparent aussi les ordres, lettres, avis et instructions concernant le service de leur bureau.

Bien que leurs attributions soient essentiellement distinctes, les Chefs de Bureau se doivent un mutuel concours pour la solution prompte et régulière des affaires.

NAPOLÉON CHAIX ET Cie

ORDRE GÉNÉRAL N° 2

RÉGLANT

LES ATTRIBUTIONS DES INSPECTEURS GÉNÉRAUX.

ARTICLE PREMIER.

En exécution du § 2 de L'ORDRE GÉNÉRAL RÉGLANT L'ORGANISATION DU SERVICE DE L'EXPLOITATION, N° 1, les attributions des Inspecteurs généraux des affaires commerciales et du mouvement et du Vérificateur général de la comptabilité de l'Exploitation, sont déterminées de la manière suivante :

ART. 2.

Les Inspecteurs généraux des affaires commerciales et du mouvement et le Vérificateur général de la comptabilité de l'Exploitation assistent, suppléent et remplacent au besoin le Chef de l'Exploitation, dont ils représentent directement l'autorité pour tout ce qui concerne les services placés sous leur surveillance spéciale.

Art. 3.

Chacun d'eux prépare, en ce qui le concerne, pour les soumettre au Chef de l'Exploitation, et, en son absence, au Directeur, les Ordres généraux et spéciaux de l'Exploitation. Ils suivent et assurent l'exécution de ces Ordres dans toutes les parties du service.

Art. 4.

Ils assurent également la bonne et prompte expédition des affaires, de la correspondance, des rapports et projets de décision, dans les bureaux dont le contrôle leur est attribué, et proposent au Chef de l'Exploitation toutes les mesures d'organisation intérieure qui leur paraissent propres à activer la marche de ces affaires et à améliorer la distribution du travail dans ces bureaux.

Art. 5.

Les Inspecteurs généraux et le Vérificateur général de la comptabilité de l'Exploitation visent et contrôlent, pour les porter avec leur avis au Chef de l'Exploitation, toutes les propositions d'avancement, mutations et nominations de personnel, émanant soit des Inspecteurs principaux, soit des Chefs de bureau, chacun pour le service placé sous sa surveillance.

Art. 6.

En conséquence de ce qui précède, tous les rapports, lettres, avis et propositions adressés au Chef de l'Exploitation, et qui ne portent pas la désignation de communications confidentielles, sont transmis directement aux Inspecteurs généraux et au Vérificateur général de la comptabilité de l'Exploitation, aussitôt après leur dépouillement au bureau central de l'Exploitation, qui doit également leur donner communication, sans aucun retard, des décisions prises en suite de ces rapports et propositions.

Art. 7.

En l'absence du Chef de l'Exploitation, les Inspecteurs généraux et le Vérificateur général de la comptabilité de l'Exploitation le remplacent auprès du Directeur pour l'expédition de la correspondance et l'exécution des ordres à donner.

Ils pourvoient d'office, lorsque les circonstances l'exigent, à toutes les mesures nécessaires à la bonne marche du service, et ont, en toutes circonstances, autorité sur tous les Employés et Agents de l'Exploitation.

NAPOLÉON CHAIX ET Cᵉ.

ORDRE GÉNÉRAL N° 3

RÉGLANT LES

FONCTIONS DES INSPECTEURS DE L'EXPLOITATION ET DES INSPECTEURS ET CONTROLEURS DU MOUVEMENT.

---

§ I.

INSPECTEURS DE L'EXPLOITATION (1).

ARTICLE PREMIER.

Des Inspecteurs, prenant le titre d'Inspecteurs de l'Exploitation, sont, lorsque l'activité du service le réclame, adjoints aux Inspecteurs principaux pour les seconder, en concourant, sous leurs ordres, à la surveillance de toutes les parties du service de l'Exploitation, soit sur l'ensemble, soit sur une section déterminée de l'Inspection principale à laquelle ils sont attachés.

ART. 2.

Les Inspecteurs de l'Exploitation suppléent et remplacent, au

(1) La tenue uniforme des Inspecteurs de l'Exploitation est la même que celle des Inspecteurs (ORDRE GÉNÉRAL N° 27, § 1er), sauf la broderie de la casquette, qui consiste en DEUX BRANCHES DE CHÊNE EN OR MAT **surmontées de deux étoiles.**

besoin, les Inspecteurs principaux. Ils ont autorité sur les Inspecteurs du Mouvement, les Agents commerciaux et les Vérificateurs de la comptabilité et sur tous les Employés et Agents des gares et stations et des trains.

Art. 3.

Les Inspecteurs de l'Exploitation doivent adresser, chaque jour, à l'Inspecteur principal sous les ordres duquel ils sont placés, un rapport détaillé sur les faits de leur service et les observations ou propositions qui s'y rattachent.

§ II.

INSPECTEURS DU MOUVEMENT.

Art. 4.

Les Inspecteurs du Mouvement sont chargés, sous les ordres des Inspecteurs principaux, et, lorsqu'il y a lieu, des Inspecteurs de l'Exploitation, de surveiller et d'assurer la bonne exécution du service actif sur une section déterminée.

Ils ont autorité sur les Chefs et les Sous-Chefs de gare, sur les Contrôleurs du mouvement et sur tous les Employés des gares et stations et des trains.

ART. 5.

Les Inspecteurs du Mouvement ont pour fonction générale de suivre l'application des Règlements, Ordres généraux et Instructions concernant la sécurité et la régularité de la circulation des trains, l'ordre intérieur, la police et la tenue des gares et stations.

ART. 6.

Ils ont pour attributions spéciales :

1° De surveiller et d'assurer la marche régulière et la bonne composition des trains de toute nature ;

2° De surveiller et d'assurer, de la part des gares et stations, des Conducteurs, des Mécaniciens, des Gardes-barrières, Gardes-ligne et tous agents de la surveillance de la voie, l'exécution rigoureuse des ORDRES GÉNÉRAUX RÉGLANT LA CIRCULATION SUR LA DOUBLE VOIE ET SUR LES VOIES UNIQUES (N°s 8 et 9);

L'observation des signaux destinés à protéger la marche des trains et des mesures prescrites en cas d'arrêt sur la voie (ORDRE GÉNÉRAL N° 7);

L'entretien et la manœuvre des Mâts de signaux et des plaques tournantes (ORDRES GÉNÉRAUX N°s 7 et 16) ;

L'exécution des ORDRES GÉNÉRAUX POUR LES AIGUILLEURS, LE CONCOURS DES GARDES, L'ENLÈVEMENT DES NEIGES ET LES CONDUCTEURS (n°s 13, 14, 15 et 22) ;

3° De constater la présence à leur poste et de signaler, s'il y a lieu, l'absence des Gardes-ligne, Gardes-barrières, Piqueurs ou Surveillants de nuit, chargés de faire des signaux sur la voie ;

4° De veiller, pour l'exécution des ordres de répartition sur la section dont ils sont chargés, au bon emploi, au prompt chargement et déchargement ainsi qu'au prompt retour du matériel toute nature (ORDRE GÉNÉRAL N° 11) ;

5° De surveiller la distribution, le dépôt et la conservation des marchandises sur les quais et dans les magasins, les opérations relatives à la reconnaissance et à l'expédition des marchandises et des bagages, l'étiquetage des colis, leur classement dans les wagons et leur manutention sous gare, soit à la réception, soit à la livraison (ORDRE GÉNÉRAL N° 20) ;

6° De réunir tous les renseignements propres à faciliter la recherche des marchandises égarées, la constatation des retards dans les expéditions et les livraisons, des manquants, des avaries de route et des causes qui les ont déterminées;

7° De tenir la main à la constatation, par les gares, des avaries du matériel, des causes qui les ont produites et des charges qui en résultent pour les employés responsables ;

8° De rechercher et de prescrire toutes les mesures de détail propres à activer la bonne exécution du service aux stations et dans les gares ; de veiller, dans ce but, à la bonne tenue, par les Chefs de train, des Feuilles de marche et de mouvement du matériel et des Bordereaux des feuilles et plis ;

9° De constater et de signaler toute irrégularité et tout retard dans la marche des trains et dans l'expédition des machines de secours; tout acte d'insubordination des Mécaniciens; toute infraction au Cahier des charges de la Régie de traction, particulièrement en ce qui concerne l'état d'entretien et de propreté intérieure des voitures et des wagons (ORDRE GÉNÉRAL N° 10);

10° De surveiller et d'assurer le règlement des horloges, l'éclairage des gares et stations et de leurs abords, l'éclairage des trains, le chauffage des salles d'attente et des voitures de première classe; de vérifier fréquemment, dans ce but, l'état des appareils, la consommation des matières, l'observation des mesures prescrites pour l'allumage, l'extinction et la mise en veilleuse;

11° D'assurer: l'ordre intérieur et la police des gares et stations (ORDRE GÉNÉRAL, N° 18);

La discipline et la tenue uniforme des Employés (ORDRE GÉNÉRAL N° 27);

Le contrôle des permis de circulation et des billets de demi-place (ORDRE GÉNÉRAL N° 25);

L'exécution des arrêtés préfectoraux pour la circulation et le stationnement des voitures dans les cours de départ et d'arrivée;

La tenue intérieure et extérieure des gares et stations, l'entretien du mobilier, l'approvisionnement et la consommation des matières ou objets demandés à l'Économat (ORDRES GÉNÉRAUX N°s 18 et 30);

La confection des inventaires annuels des gares et stations;

L'affichage des tableaux de service, des tarifs et annonces quelconques intéressant la Compagnie;

L'exécution, par le Fermier d'affichage, de toutes les conditions de son traité;

La tenue des buffets, l'observation du tarif des objets de consommation approuvé par la Compagnie ; l'exécution des obligations d'ordre, de propreté et de confortable imposées aux entre preneurs ;

La tenue des Agents de la Compagnie chargés de la vente des livres; le bon ordre des bibliothèques, la convenance des ouvrages offerts au public et l'observation des tarifs autorisés pour le prix des livres, des journaux, des guides-itinéraires et livrets, et particulièrement de l'*Indicateur des chemins de fer* et autres publications analogues.

Art. 7.

Les Inspecteurs du Mouvement doivent visiter chaque station de leur section, au moins deux fois par mois, et constater leur visite par leur signature apposée au registre des réclamations.

Art. 8.

Les Inspecteurs du Mouvement peuvent être désignés pour accompagner les trains expédiés dans des circonstances où cette précaution est jugée utile. Ils sont chargés de faire toutes recherches et de suivre toutes enquêtes sur les faits du service de leur section qui auraient besoin d'être éclairés ou constatés.

Ils peuvent, en outre, être spécialement délégués par l'Inspecteur principal pour suppléer et remplacer, au besoin, les Agents commerciaux et les Vérificateurs de la comptabilité, lorsque les circonstances rendent leur concours nécessaire à cette partie du service.

Ils doivent, dans leurs tournées, surveiller la bonne distribution du travail entre les Employés, constater l'emploi des hommes supplémentaires et exiger la stricte observation des heures de présence, en se rendant compte des fonctions et du travail de chaque Agent.

Ils doivent surveiller d'une manière toute particulière le bon emploi du télégraphe, l'entretien et la manœuvre des appareils, en montrer l'usage *utile et intelligent* aux Chefs de station, Chefs de train et Gardes-freins, et leur faire faire de fréquents exercices (ordre général n° 17).

Art. 9.

Les Inspecteurs de chaque section sont chargés d'installer dans leurs fonctions les Employés nouvellement nommés.

Ils ont à les diriger dans l'étude et la pratique du service, les examiner avec soin et à se rendre exactement compte de leur degré d'aptitude pour les fonctions auxquelles ils sont destinés.

Ils doivent de temps en temps s'assurer, par des examens détaillés, de la connaissance que chaque Employé possède de ses devoirs, des Règlements et des Ordres, et, au besoin, les leur expliquer et les leur apprendre.

Ces examens seront consignés dans des procès-verbaux indiquant le nom de chaque Employé interrogé, les questions qui lui ont été posées et le degré d'instruction dont il a fait preuve.

Ces procès-verbaux, certifiés par l'Inspecteur, doivent être adressés à l'Inspecteur principal, qui les transmet lui-même, avec ses observations, au Chef de l'Exploitation (inspection générale du Mouvement).

ART. 10.

Chaque Inspecteur est responsable de la tenue et de la conduite du personnel de sa section ; il doit donc en faire l'objet de sa surveillance la plus active et la plus soutenue, et exiger, de la part de tous les Agents placés sous ses ordres, la plus grande politesse envers le public et les voyageurs.

§ III.

CONTROLEURS DU MOUVEMENT.

ART. 11.

Les Contrôleurs du Mouvement ont pour fonction générale de seconder, dans la surveillance du service, l'Inspecteur de la section à laquelle ils sont attachés.

Ils sont hiérarchiquement assimilés aux Chefs des gares secondaires et ont autorité sur tous les Agents du service, jusques et y compris ce grade et celui de Chef de train.

ART. 12.

Les Contrôleurs du Mouvement ont pour attributions spéciales :

1° De remplacer les employés malades ou en permission, et de doubler, dans les fonctions de Chefs ou Sous-Chefs de gare, Chefs de station, Receveurs, Facteurs enregistrants ou Employés de bureau des gares de marchandises, toute partie du service que des vacances ou une activité imprévue mettent momentanément à découvert ;

2° D'exercer une surveillance particulièrement active sur les trains en marche, en constatant avec précision, toutes les fois qu'ils sont dans un train ou qu'ils en croisent un autre, si tout le personnel de ce train est bien à son poste ;

3° De parcourir fréquemment, à pied, certaines parties de la ligne pour observer au passage la marche des trains ;

4° De constater avec soin tout retard ou toute irrégularité dans la marche des trains et toute négligence, soit des Mécaniciens, dans la conduite des convois, soit des Chefs de station, pour l'expédition du service pendant les stationnements, soit des Chefs de train, pour la tenue des Feuilles de marche et de mouvement du matériel, des Bordereaux des feuilles et plis, comme pour le classement des bagages et de la messagerie dans les fourgons et l'exacte livraison des articles en route ;

5° De faire, dans les gares et sur la ligne, les recherches de colis en retard ou égarés, qui leur sont prescrites, et de prendre les renseignements qui leur sont demandés sur des faits déterminés du service ;

6° De contrôler, dans le cours du trajet des trains, le classement régulier des voyageurs dans chaque catégorie de voitures.

Art. 13.

En conséquence de ce qui précède, toutes les fois qu'un Contrôleur du Mouvement est en tournée ou circule sur une partie quelconque de la ligne, il doit monter dans plusieurs trains, en changeant de compartiment à chaque arrêt, afin de contrôler les billets des voyageurs ; il est tenu de rendre compte, à son rapport, du résultat de ce contrôle, et de signaler toutes les fraudes ou irrégularités qu'il a constatées.

Art. 14.

Lorsqu'un Contrôleur du Mouvement voyage sur une machine, il doit noter exactement et mentionner à son rapport, le numéro et la position des gardes dont il constate l'absence ; les infractions de la part de ces Agents, dans l'exécution des signaux ou la surveillance des barrières; la position des disques des Mâts de signaux ou de tous autres signaux fixes ; il doit, en un mot, s'appliquer à signaler toutes les circonstances de nature à faire connaître s'il y a de la négligence dans une partie quelconque du service.

Art. 15.

Les Contrôleurs du Mouvement peuvent être appelés, par l'Inspecteur principal, à remplacer un Inspecteur du Mouvement absent ou à remplir telle autre mission particulière. Ils sont particulièrement désignés pour accompagner les trains spéciaux ou autres, dont l'Inspecteur principal juge que la marche doit être surveillée.

DISPOSITIONS GÉNÉRALES.

Art. 16.

Tout Inspecteur ou Contrôleur du Mouvement accompagnant un train est directement responsable de sa marche.

Il a, en conséquence, autorité sur tous les Agents qui concourent à assurer la conduite du train; il doit vérifier si le tableau de marche qui lui est remis est exact et bien calculé, veiller à la bonne exécution des croisements et des garages et, en cas d'accident, d'arrêt imprévu ou de demande de secours, présider à toutes les mesures de précaution prescrites comme à toutes les manœuvres à exécuter.

Art. 17.

Les Inspecteurs et Contrôleurs du Mouvement doivent être constamment porteurs : 1° des tableaux réglementaires de la marche des trains; 2° de la Loi sur la police des chemins de fer et du Règlement d'administration publique; 3° de la commission constatant qu'ils sont assermentés; 4° d'un exemplaire du présent Ordre.

Ils doivent s'assurer fréquemment que chaque Employé du service actif, sous leurs ordres, est de même porteur d'un exemplaire des Ordres généraux et extrait du Règlement d'administration publique concernant ses fonctions.

ART. 18.

Indépendamment des devoirs spéciaux qui leur sont attribués et qui sont l'objet du présent Ordre, les Inspecteurs et Contrôleurs du Mouvement doivent porter leur attention sur l'ensemble et les parties diverses du service, afin de signaler les irrégularités ou infractions qu'ils constatent et les améliorations qui leur paraissent réalisables.

ART. 19.

Les Inspecteurs et Contrôleurs du Mouvement adressent, chaque jour, à l'Inspecteur principal de l'Inspection à laquelle ils appartiennent, un rapport détaillé sur les faits du service qu'ils ont suivis, en ayant soin de consigner les observations et propositions qui s'y rattachent.

ART. 20.

Bien que leurs attributions soient essentiellement distinctes de celles des Agents commerciaux et des Vérificateurs de la comptabilité, les Inspecteurs et Contrôleurs du Mouvement leur doivent un mutuel concours pour la bonne exécution du service et la prompte expédition des affaires qui le demandent.

NAPOLÉON CHAIX ET Cie.

ORDRE GÉNÉRAL N° 4

RÉGLANT

LES FONCTIONS DES AGENTS COMMERCIAUX.

ARTICLE PREMIER.

En exécution de L'ORDRE GÉNÉRAL RÉGLANT L'ORGANISATION DU SERVICE DE L'EXPLOITATION, N° 1, il est adjoint à chaque Inspecteur principal de l'Exploitation le nombre d'Agents commerciaux nécessaire pour assurer le service de son inspection.

ART. 2.

Les Agents commerciaux sont chargés du contrôle de toutes les opérations commerciales d'une portion de la ligne déterminée.

Ils ont pour attributions spéciales :

1° De surveiller et contrôler les opérations des correspondants de la Compagnie ;

2° De suivre leurs services, au moins une fois tous les deux mois, pour s'assurer qu'ils ont bien la vitesse déterminée par les traités, et que le matériel est en bon état de solidité et de propreté;

3° De visiter les bureaux pour voir s'ils sont propres et bien tenus, si les enseignes portent les inscriptions voulues et si le personnel est en état de donner au public tous les renseignements désirables sur les transports par le chemin de fer, d'examiner s'il ne s'y trouve pas des colis ayant fait fausse route et pouvant être réclamés ailleurs;

4° De s'assurer, par l'inspection des livres, que les correspondants ne font pas de détournements au préjudice de la Compagnie, que les tarifs sont loyalement appliqués, les remboursements régulièrement recouvrés et expédiés, les livraisons faites en temps utile;

5° De s'entendre avec les correspondants pour la régularisation des expéditions en souffrance et la préparation des transactions que peut entraîner cette régularisation (à cet effet, chaque Agent commercial est autorisé à transiger, pour le compte de la Compagnie, jusqu'à concurrence d'une somme de 200 francs);

6° De suivre les relations des gares avec les correspondants, pour s'assurer que ceux-ci y trouvent toutes les facilités nécessaires au bien du service et qu'ils n'en abusent pas;

7° De veiller à ce que les correspondants ne groupent pas leurs expéditions et qu'ils n'aient pas, dans les localités desservies directement ou par correspondance par le chemin de fer, d'autres correspondants que la Compagnie elle-même ou les entrepreneurs de transport agréés par elle ;

8° De tenir à l'exécution loyale des traités consentis par la Compagnie envers certains expéditeurs ;

9° De diriger et d'aider les gares et stations dans l'application des tarifs, dans les transactions et affaires litigieuses ; de suivre personnellement les transactions dont l'importance excède les limites dans lesquelles les gares peuvent agir ;

10° D'inspecter le livre commercial des produits des gares et de contrôler leur correspondance commerciale, soit avec le public, soit avec l'Administration centrale ;

11° D'étudier et de préparer toutes les affaires ayant pour objet d'amener plus de transports au chemin de fer ou d'améliorer les services de correspondance.

Art. 3.

Les Agents commerciaux adressent, tous les jours, à l'Inspecteur principal, un rapport dans lequel ils lui font connaître leurs observations sur le service, les mesures qu'ils ont cru devoir prendre sous leur propre responsabilité et les propositions qu'ils ont à faire.

Ces rapports sont transmis au Chef de l'Exploitation (Inspection générale des affaires commerciales).

ART. 4.

Les Agents commerciaux ont autorité sur les Chefs de gare et de station pour tout ce qui concerne leur service. Ceux-ci doivent leur fournir tous les renseignements dont ils ont besoin, et les consulter sur les questions commerciales qui peuvent se présenter. En cas de transactions à intervenir, si les demandes des destinataires dépassent les limites dans lesquelles les Chefs de gare et de station ont pouvoir de transiger, ils doivent en saisir l'Agent commercial attaché à leur section et le signaler dans leur rapport à l'Inspecteur principal.

ART. 5.

Bien que leurs attributions soient essentiellement distinctes, les Inspecteurs du mouvement et les Agents commerciaux se doivent un mutuel concours pour la solution prompte et régulière des affaires qui le demandent.

NAPOLÉON CHAIX ET Cie

ORDRE GÉNÉRAL N° 5

RÉGLANT

LES FONCTIONS DES VÉRIFICATEURS DE LA COMPTABILITÉ.

ARTICLE PREMIER.

En exécution de l'ORDRE GÉNÉRAL RÉGLANT L'ORGANISATION DU SERVICE DE L'EXPLOITATION, n° 1, il est adjoint à chaque Inspecteur principal de l'Exploitation le nombre de Vérificateurs nécessaire pour assurer la bonne tenue des écritures des gares et stations, c'est-à-dire pour que ces écritures soient constamment à jour et d'accord avec celles de l'Administration centrale.

ART. 2.

Les Vérificateurs sont chargés du contrôle de toutes les opérations de comptabilité d'une portion déterminée de la ligne.

Ils ont pour attributions spéciales :

1° De veiller au bon ordre des casiers ou armoires à billets de voyageurs et à la bonne tenue de tous les livres et de toutes les écritures de comptabilité ;

2° De vérifier la parfaite conformité des documents d'après lesquels les Agents comptables établissent leurs taxes, avec ceux qui servent de base au bureau du contrôle des taxes ;

3° De se faire justifier par les Agents comptables, à l'aide du livre des rectifications, de l'écart qui peut exister entre eux et le bureau des produits ;

4° De poursuivre l'extinction de cet écart, soit en faisant verser aux Agents comptables le montant des forcements qui leur incombent, soit en éclairant le bureau des produits sur la valeur de ces rectifications par l'envoi de notes explicatives. Le Chef du bureau des produits, de son côté, doit tenir les Vérificateurs au courant de la suite donnée à leurs demandes;

5° De tendre à l'abaissement des débits des gares et stations, par le prompt renvoi des remboursements et par l'encaissement régulier des titres litigieux;

6° De vérifier l'exactitude des comptes fournis par les clients de la Compagnie, lorsque ces comptes leur sont renvoyés par le bureau des recettes, soit sur les livres des gares et stations, soit, au besoin, sur les livres des expéditeurs eux-mêmes ;

7° De discuter avec ces mêmes clients les redressements apportés à leurs comptes et d'accélérer la rentrée du montant de ces comptes ;

8° De vérifier les caisses, en veillant à ce que les Agents comptables n'y versent que des valeurs appartenant à la Compagnie, et en repoussant, comme non-valeurs, toute pièce comptable irrégulièrement établie, notamment les reçus de paiement et d'avances pour fournitures, etc. ;

9° D'établir et de régulariser les situations des Agents comptables en faisant verser à l'instant même où ils les reconnaissent, et en leur présence, les différences entre l'actif et le passif qu'ils constatent ;

10° De donner des notes sur la capacité et les connaissances de chaque employé comptable et la régularité de ses opérations.

Art. 3.

Les Vérificateurs de la comptabilité adressent, tous les jours, à l'Inspecteur principal, les procès-verbaux rédigés en conséquence de leur vérification, qu'ils font suivre de leurs observations sur le service, de l'indication des mesures qu'ils ont cru devoir prendre sous leur propre responsabilité et des propositions qu'ils ont à faire. Ces procès-verbaux sont transmis journellement au Chef de l'Exploitation (vérification générale de la comptabilité).

Art. 4.

Les Vérificateurs de la comptabilité ont autorité sur les Chefs de gare et de station et sur les Agents comptables, pour tout ce qui concerne leur service. Ceux-ci doivent leur fournir tous les documents et renseignements dont ils ont besoin.

Art 5.

Bien que leurs attributions soient essentiellement distinctes, les Agents commerciaux, les Inspecteurs du mouvement et les Vérificateurs de la comptabilité se doivent un mutuel concours pour la solution prompte et régulière des affaires qui le demandent.

NAPOLÉON CHAIX ET Cie

ORDRE GÉNÉRAL

N° 6

RÉGLANT

LES ATTRIBUTIONS DES AGENTS SUPÉRIEURS DE LA COMPAGNIE.

Article premier.

Des fonctionnaires, prenant le titre d'Agents supérieurs de la Compagnie, sont établis dans les principales villes du réseau où l'activité des affaires ne permet pas au Chef des gares de suivre utilement les relations extérieures du service.

Art. 2.

Les Agents supérieurs ont pour fonction générale de suivre les rapports de la Compagnie avec le haut commerce et les administrations locales.

Ils ont pour attributions spéciales :

1° De tenir les services de l'Administration centrale au courant de tous les faits et de toutes les observations de nature à intéresser la Compagnie ;

2° De préparer, dans la localité où ils résident, les négociations propres à accroître les transports et à augmenter les produits de l'Exploitation;

3° De traiter les affaires litigieuses ou autres qui leur sont spécialement renvoyées, et de réunir les renseignements qui leur sont demandés, soit par le Directeur, soit par le Chef de l'Exploitation et les Inspecteurs généraux, soit par les autres Chefs de service.

Art. 3.

Les Agents supérieurs doivent, lorsque les Inspecteurs principaux sont présents, se concerter avec eux et les consulter sur la marche des affaires qu'ils pourraient avoir à traiter.

Ils ont autorité sur les Chefs de gare; mais leur action est tout extérieure, et, à moins d'un mandat spécial du Chef de l'Exploitation, ils n'ont à intervenir dans l'*exécution* d'aucun des détails du service, soit dans les gares, soit sur la ligne.

Les Chefs de gare, les Inspecteurs du mouvement, les Agents commerciaux et les Vérificateurs de la Comptabilité doivent fournir aux Agents supérieurs tous les renseignements que ceux-ci auraient à leur demander sur les faits particuliers du service.

Art. 4.

Les Agents supérieurs correspondent directement avec le Chef de l'Exploitation et les Inspecteurs généraux. Ils doivent, par des rapports fréquents et développés, rendre compte au Chef de l'Exploitation de toutes les affaires dont ils sont saisis, et lui adresser les propositions qui s'y rattachent.

Ils peuvent correspondre aussi avec le Secrétaire général pour les renseignements qui leur seraient demandés touchant les intérêts du domaine de la Compagnie ou la marche des affaires contentieuses.

NAPOLÉON CHAIX ET Cie

ORDRE GÉNÉRAL

N° 7

POUR

LES SIGNAUX DESTINÉS A ASSURER LA MARCHE DES TRAINS.

ARTICLE PREMIER.

A partir du 1er février 1854, les prescriptions du présent Ordre général seront suivies sur toute l'étendue du réseau.

ART. 2.

SIGNAUX ORDINAIRES.

Les signaux de jour sont faits, par tous les agents de la surveillance, avec un seul drapeau, qui est de COULEUR ROUGE.

Le drapeau dans son fourreau, tenu verticalement, la main à la hauteur de l'épaule, indique que la voie est libre, et que le train peut continuer sa marche.

LE DRAPEAU ROUGE DÉPLOYÉ, AGITÉ OU NON AGITÉ, COMMANDE L'ARRÊT.

Les signaux de nuit sont faits, par tous les agents de la surveillance, avec une lanterne pouvant donner à volonté de la lumière verte ou de la lumière rouge.

La lumière verte indique que la voie est libre, et que le train peut continuer sa marche.

LA LUMIÈRE ROUGE, AGITÉE OU NON AGITÉE, COMMANDE L'ARRÊT.

Les agents de la surveillance doivent toujours être prêts à faire les signaux nécessaires; ils ne doivent donc jamais se séparer de leur drapeau pendant le jour, ni de leur lanterne pendant la nuit. Les lanternes sont allumées et substituées aux drapeaux ou aux disques des Mâts de signaux au coucher du soleil. Elles sont éteintes à son lever. Toutefois, aux petites stations où il n'y a pas de dépôt de machines, les lanternes des Mâts de signaux peuvent être éteintes 10 minutes après le départ du dernier train s'arrêtant à ces stations. Les signaux doivent être faits à 500 mètres au moins en avant des trains, et maintenus jusques après le passage de la machine.

Art. 3.

SIGNAUX DÉTONANTS.

Le signal d'arrêt peut être fait aussi par une ou plusieurs boîtes fulminantes placées sur les rails, éclatant sous le poids des voitures ou des machines.

L'EXPLOSION DE CES BOITES EST UN SIGNAL D'ARRÊT REMPLAÇANT LE SIGNAL ROUGE.

Tout Chef de train et tout machiniste conduisant une machine isolée doivent avoir à leur disposition six pétards.

Art. 4.

SIGNAUX FIXES OU MATS DE SIGNAUX.

Aux abords des stations, aux bifurcations, et généralement sur tous les points où cette précaution est jugée nécessaire, il est placé des Mâts de signaux manœuvrés à distance et destinés à les couvrir.

Ces Mâts sont établis de telle façon que l'agent responsable de la manœuvre puisse toujours savoir : 1° si le Mât est allumé ; 2° s'il est tourné dans la position prescrite suivant l'état de la voie.

PENDANT LE JOUR, LE DISQUE ROUGE DU MAT DE SIGNAUX, TOURNÉ EN TRAVERS DE LA VOIE, COMMANDE L'ARRÊT.

PENDANT LA NUIT, LA LUMIÈRE ROUGE COMMANDE ÉGALEMENT L'ARRÊT.

La manœuvre des Mâts de signaux des stations est faite par les soins et sous la responsabilité des Chefs de gare et de station.

Art. 5.

CAS OU LE SIGNAL D'ARRÊT DOIT ÊTRE FAIT.

Le signal d'arrêt doit être fait toutes les fois que la voie parcourue est encombrée ou hors d'état de donner passage, et lorsqu'il s'est écoulé moins de **10** minutes depuis le passage du train précédent, à moins d'exceptions autorisées par des ordres spéciaux.

Lorsqu'à l'approche d'un train, un agent de la surveillance voit devant lui un signal d'arrêt, il doit le répéter et le maintenir jusqu'à ce que le machiniste du train arrivant ait vu le premier signal.

Lorsque la nuit, et en cas de brouillard ou de très-mauvais temps, ne permettant pas de bien apercevoir les signaux ordinaires, un train marche avec une vitesse sensiblement moindre que sa vitesse normale, le Chef de train doit prendre immédiatement les mesures nécessaires pour en aviser le train suivant. A cet effet, il fait arrêter le train et remet deux pétards à un garde-frein, en lui donnant l'ordre de les placer sur la voie, à **1,000** mètres au moins en arrière du train.

Art. 6.

MESURES A PRENDRE EN CAS DE SIGNAL D'ARRÊT.

Lorsqu'un machiniste aperçoit un signal d'arrêt, il doit prendre immédiatement toutes les mesures nécessaires pour que le train soit complétement arrêté dans le plus bref délai, et, s'il se peut, avant le point où se trouve le signal.

Le train une fois arrêté sur la voie, le mécanicien ne peut se remettre en marche que sur l'ordre du Chef de train et en se conformant aux instructions qu'il reçoit de lui.

Dans le cas où l'obstacle qui a motivé le signal d'arrêt a cessé d'exister avant que la machine soit arrêtée, et si le signal d'arrêt est supprimé et le signal de libre circulation rétabli, le mécanicien peut se remettre en marche en ayant soin de passer lentement au point où le signal a été fait.

Art. 7.

SIGNAUX POUR COUVRIR UN TRAIN ARRÊTÉ SUR LA VOIE.

Toutes les fois que, par une cause quelconque, un train, une machine, des wagons isolés ou un obstacle quelconque doivent stationner sur la voie, il est immédiatement placé par les soins du Chef de train, du machiniste de la machine isolée ou de l'agent de surveillance, un Garde ou tout autre agent, à **1,000** mètres en arrière, avec un drapeau rouge pendant le jour, et une lanterne rouge pendant la nuit, pour arrêter tout convoi ou toute machine qui pourrait survenir.

La nuit, et en cas de brouillard ou de très-mauvais temps, le signal d'arrêt est fait, en outre, en plaçant au moins deux boîtes fulminantes sur les rails, à **1,000** mètres de l'obstacle.

Les mêmes précautions doivent être prises à l'avant, si le chemin n'a qu'une voie ou si, par suite d'un accident, la circulation est interceptée sur les deux voies principales.

Le Garde ou l'agent envoyé à 1,000 mètres d'un train, pour le couvrir, doit rester à ce poste jusqu'à ce que le train soit reparti, et continuer à faire le signal d'arrêt pendant 10 minutes après son départ.

Dans le cas où cet agent a été détaché du train, il ne doit pas chercher à y remonter ; il doit revenir à pied à la station la plus voisine, à moins qu'il ne soit remplacé par un Garde ou tout autre agent de la surveillance.

Art. 8.

SIGNAUX EXTRAORDINAIRES DE RALENTISSEMENT.

Si, par suite de travaux de réparation ou par toute autre cause, la voie est défectueuse sur une partie du chemin, et si elle ne doit être parcourue par les trains qu'avec une vitesse réduite, ce ralentissement est indiqué par deux drapeaux blancs pendant le jour, et par deux lanternes blanches pendant la nuit, placées à 500 mètres de chacune des extrémités de la portion de chemin en question.

Entre ces deux signaux, les trains ne doivent pas marcher à une vitesse supérieure à celle de 25 kilomètres à l'heure.

Art. 9.

SIGNAUX DES TRAINS ORDINAIRES.

Tout convoi en marche, pendant la nuit, doit porter à l'avant, sur la traverse de la machine, deux lanternes blanches ou vertes ; à l'arrière, il porte trois lanternes rouges, sauf le cas spécifié à l'art. 10 ci-après.

Toute machine isolée, en marche pendant la nuit, doit porter deux lanternes blanches ou vertes en avant, et une lanterne rouge à l'arrière.

L'entrepreneur de la traction est responsable des signaux à mettre aux machines et tenders.

Les Chefs de train sont responsables des signaux dont les wagons ou voitures doivent être pourvus.

Art. 10.

SIGNAUX DES TRAINS SUPPLÉMENTAIRES OU SPÉCIAUX.

L'annonce des trains supplémentaires ou spéciaux n'est pas obligatoire ; en conséquence, les voies doivent toujours être tenues libres, ou couvertes par des signaux convenablement placés, si elles sont momentanément engagées. Quand les trains supplémentaires ou spéciaux peuvent être annoncés d'avance, ils le sont, par le train précédent, de la manière suivante : pendant le jour, par un drapeau rouge placé du côté de l'entrevoie sur la dernière voiture à frein ; pendant la nuit, par une lanterne verte, placée à l'arrière du train, à la place de l'une des trois lanternes rouges indiquées à l'art. 9 ci-dessus.

Art. 11.

PÉNALITÉ.

L'inexécution ou l'inobservation des signaux pouvant amener les conséquences les plus funestes pour la sécurité de la circulation, constitue la faute la plus grave dont un agent de la Compagnie puisse se rendre coupable. Toute faute de ce genre sera donc sévèrement punie.

NAPOLÉON CHAIX ET Cie

ORDRE GÉNÉRAL

N° 8

RÉGLANT

LA CIRCULATION SUR LA DOUBLE VOIE.

ARTICLE PREMIER.

Toutes les dispositions relatives à la formation et au départ des trains de voyageurs et de marchandises sont prises par les Chefs de gare et de station, ou sous leur responsabilité.

Lorsque les trains sont en marche ou arrêtés sur la voie, la responsabilité du service appartient aux Chefs de train. Ils doivent, en outre, avant le départ, vérifier si la composition du train est conforme aux règles indiquées au § 1er ci-dessous, et dans le cas où il n'en serait pas ainsi, le faire connaître immédiatement au Chef de gare.

§ Ier.

COMPOSITION DES TRAINS.

ART. 2.

Les trains transportant des voyageurs ne peuvent jamais contenir plus de vingt-quatre voitures.

Tous les wagons entrant dans la composition des trains de voyageurs, marchant à une vitesse de plus de 40 kilomètres à l'heure, doivent être munis de tampons à ressorts et de ressorts de traction. Ils doivent être attelés de telle manière que les tampons soient maintenus au contact.

Dans la composition des trains transportant des voyageurs et dont la vitesse ne dépasse pas 40 kilomètres à l'heure, on peut faire entrer des wagons à tampons secs, pourvu que deux wagons de cette nature ne se suivent pas immédiatement, ou qu'ils soient attelés l'un à l'autre par une barre d'attelage à ressort. Les wagons entrant dans la composition de ces trains ne peuvent jamais être attelés uniquement au moyen de chaînes. Dans le cas où l'on n'emploie pas d'attelage à ressort, on doit se servir de barres à vis. Les tampons doivent toujours être au contact au moment du démarrage.

Art. 3.

Le nombre des Gardes-freins devant accompagner chaque train est réglé de la manière suivante :

NATURE DES TRAINS.	VITESSES NORMALES supposées uniformes.	NOMBRE de VOITURES.	NOMBRE de Gardes-freins
Trains Express.	60 kilomètres à l'heure et au-dessus.	De 1 à 5. De 6 à 10. De 11 à 16.	1 2 3
Trains de Voyageurs.	41 à 60 kilomètres à l'heure.	De 1 à 9. De 10 à 18. De 19 à 24.	1 2 3
Trains omnibus mixtes.	32 à 40 kilomètres à l'heure.	De 1 à 12. De 13 à 24.	1 2
Trains mixtes et Trains de Marchandises.	31 kilomètres à l'heure et au-dessous.	De 1 à 16. De 17 à 35. De 36 à 60.	1 2 3

Dans tous les trains, il doit se trouver un frein sur l'une des dernières voitures.

ART. 4.

Dans tous les trains de voyageurs, il doit se trouver, en avant de la première voiture contenant des voyageurs, autant de wagons qu'il y a de locomotives attelées en tête du train.

ART. 5.

Les trains doivent toujours être formés de telle manière, que le Garde-frein placé en tête puisse apercevoir les signaux faits par les autres Gardes-freins.

Le premier Garde-frein d'un train doit être en communication avec le Mécanicien, au moyen d'un cordeau permettant de faire frapper un marteau contre un timbre placé sur le tender.

ART. 6.

Tout Chef de train et tout Garde-frein doit être muni des moyens nécessaires pour faire les signaux, ainsi qu'il est prescrit par l'ORDRE GÉNÉRAL POUR LES SIGNAUX, n° 7.

Les lanternes-signaux doivent être faites et prêtes à allumer au moment du départ d'un train devant arriver au point extrême de son parcours après le coucher du soleil. Pour les trains voyageant la nuit, le Garde-frein d'arrière doit, pendant les arrêts aux stations, vérifier si les lanternes placées sur la dernière voiture sont allumées. Lorsque ces lanternes sont éteintes, il faut faire en sorte de les rallumer le plus tôt possible.

Lorsqu'un train parvient à une gare principale, et qu'il ne peut atteindre, avant le coucher du soleil, un point où il a un stationnement d'au moins cinq minutes, les lampes d'intérieur des voitures doivent être immédiatement allumées.

§ II.

DÉPART DES TRAINS.

ART. 7.

Un train ne peut jamais être expédié moins de dix minutes après le départ de celui qui précède, si ce n'est dans les cas prévus par les Tableaux réglementaires de la marche des trains.

ART. 8.

L'ordre du départ d'un train est donné par le Chef de gare ou de station, après qu'il s'est assuré que tous les Conducteurs sont prêts à monter sur leur siége. Il est transmis au Mécanicien, avec une cloche à main, par un Agent placé sur le quai en face du tender.

Un train ne doit pas se mettre en marche avant que toutes les portières soient fermées.

§ III.

CIRCULATION DES TRAINS.

ART. 9.

Les trains doivent toujours circuler sur la voie de gauche, en regardant le point vers lequel on se dirige, sans qu'il puisse, dans aucun cas et sous aucun prétexte, être dérogé à cette règle, à moins que l'une des voies ne se trouve interceptée. Si, dans cette circonstance, un certain parcours doit être effectué dans le sens contraire de celui indiqué, un signal d'arrêt sera placé à 500 mètres au delà du point jusqu'où le train devra ainsi poursuivre sa marche.

Si, par une cause quelconque, la circulation s'effectue momentanément sur une seule voie, il doit être placé un Garde auprès des aiguilles de chaque changement de voie. Les Gardes ne laisseront s'engager un train sur la voie unique qu'après s'être assurés qu'il ne peut être rencontré par un train venant en sens opposé. Lorsque ce mode de circulation doit se prolonger un certain temps, il est réglé par un Ordre spécial, approuvé par le Directeur. Cet ordre doit être porté à la connaissance du Commissaire de surveillance.

Art. 10.

Lorsque, pour un motif quelconque, un train vient à s'arrêter en dehors d'un point de stationnement ordinaire, le Chef de train doit immédiatement le faire couvrir, conformément aux prescriptions de l'Ordre général pour les signaux, n° 7. Les mêmes précautions doivent être prises pour un train s'arrêtant près d'un Mât de signaux, toutes les fois que la queue de ce train n'a pas dépassé le Mât de 200 mètres au moins.

Les signaux faits à l'arrière d'un train doivent être considérés comme assurant seuls sa sécurité.

§ IV.

DEMANDE ET EXPÉDITION DES MACHINES DE RÉSERVE.

Art. 11.

Lorsqu'un train a besoin de secours, le Chef de train doit prendre les mesures nécessaires pour demander la machine de réserve du dépôt le plus voisin.

Il se sert à cet effet de l'appareil télégraphique portatif, s'il y en a un dans le train ; ou lorsque la distance, soit à un poste télégraphique, soit à un dépôt, ne dépasse pas 2 kilomètres, il envoie un exprès avec une demande écrite dans laquelle il indique le numéro du poteau kilométrique près duquel se trouve le train. Si les causes qui empêchaient sa marche viennent à cesser, le train peut repartir, pourvu qu'il soit en état de marcher avec une vitesse qui soit au moins la moitié de sa vitesse normale.

Les machines de secours ne doivent jamais aborder les trains en détresse qu'avec les plus grandes précautions. Quand elles les abordent par l'arrière, on doit faire en sorte de les faire passer en tête aussitôt que possible. Toutes les fois qu'une machine de secours refoule un train, elle ne doit pas marcher à une vitesse de plus de 25 kilomètres à l'heure.

Art. 12.

En l'absence de renseignements, les machines de réserve sont envoyées aux secours des trains attendus, après un retard de 45 minutes pour les trains de voyageurs, et de 1 heure

15 minutes pour les trains de marchandises. Lorsque la communication télégraphique est interrompue, ces délais sont réduits à **20** minutes pour les trains de voyageurs, et à **40** minutes pour les trains de marchandises.

§ V.

EXPÉDITION DES TRAINS SPÉCIAUX.

Art. 13.

Les trains spéciaux sont ceux expédiés en dehors du cadre des trains réguliers et supplémentaires, prévus sur les tableaux réglementaires de la marche des trains.

Sont encore considérés comme trains spéciaux, les trains réguliers expédiés d'une station extrême ou d'une gare principale de bifurcation, **1** heure **30** minutes après leur heure de départ réglementaire.

Art. 14.

Les trains spéciaux doivent être annoncés par le train régulier qui les précède, toutes les fois que cela est possible.

L'avis de l'heure de départ, de la nature et de la vitesse du train spécial à expédier, doit, en outre, à moins d'interruption dans la communication télégraphique, être donné à tous les dépôts où ce train doit passer.

Art. 15.

Le Chef de la gare qui expédie un train spécial consigne sa vitesse et ses stationnements sur un tableau de marche conforme au modèle imprimé. Il y indique aussi les trains à dépasser par le train spécial, en précisant, s'il le peut, les points de jonction.

Ce tableau, dressé en double expédition, est signé par le Chef de la gare de départ, et remis par lui au Chef de train et au Mécanicien.

Art. 16.

L'avis de l'expédition d'un train spécial et des causes qui le déterminent doit être donné, avant le départ de ce train, au Commissaire de surveillance administrative de la gare de départ.

§ VI.

EXPÉDITION DES TRAINS ARRIVÉS EN RETARD AUX GARES DE BIFURCATION.

Art. 17.

Un train arrivant à une gare de bifurcation ne devra jamais attendre les trains venant des autres lignes auxquels il doit se réunir plus de 45 minutes après l'heure réglementaire du départ.

Ce train devra repartir après le délai réglementaire, toutes les fois que le télégraphe aura fait connaître que les trains attendus ont éprouvé dans leur marche un retard de plus de 45 minutes.

Les voyageurs des trains arrivant à une gare de bifurcation après le départ des trains correspondants devront, 45 minutes au plus après le moment de leur arrivée, continuer leur route, soit dans un train spécial, soit dans un train régulier.

NAPOLÉON CHAIX ET Cᵉ.

ORDRE GENERAL N° 9

RÉGLANT

LA CIRCULATION SUR LES VOIES UNIQUES.

---

§ I.

CROISEMENTS DES TRAINS.

ARTICLE PREMIER.

Les points de croisement des trains réguliers sont déterminés par les tableaux réglementaires de la marche des trains.

ART. 2.

Les trains marchant vers Paris stationnent sur la voie principale.

Les trains s'éloignant de Paris stationnent sur les voies d'évitement.

ART. 3.

Le service est commandé, sur chaque section de voie unique, par la gare principale placée en tête de cette section, du côté de Paris.

Ces gares fixent les heures de départ, l'itinéraire et les points de croisement des trains expédiés en dehors des conditions déterminées par les tableaux réglementaires de la marche des trains.

ART. 4.

Un train ne doit jamais partir d'un point de croisement qui lui est prescrit, avant l'arrivée du train attendu en sens contraire.

Toutefois, lorsqu'un train est en retard et que ce retard est assez considérable pour permettre au train venant en sens contraire d'atteindre d'autres points de croisement, le Chef de gare ou de station du dépôt où le train est attendu, peut donner avis, par le télégraphe, aux stations où les croisements réglementaires sont indiqués, de faire continuer le train dont la marche est régulière jusqu'aux stations où doivent s'opérer les nouveaux croisements.

Dans ce cas, des bulletins indiquant le changement des croisements réglementaires sont remis aux Chefs des deux trains et aux mécaniciens par les Chefs de station, qui leur notifient ces changements.

Ces dispositions sont également prescrites en cas de modification dans les garages des trains qui doivent être dépassés en route, un garage n'étant autre chose qu'un croisement de trains.

Art. 5.

Les mesures à prendre pour changer les croisements réglementaires des trains doivent, autant que possible, être combinées de manière à assurer, de préférence, la marche régulière des trains allant vers Paris.

§ II.

SECOURS.

Art. 6.

Les machines de réserve doivent être envoyées au secours, sur la demande d'un train arrêté, ou sur l'avis d'un poste télégraphique.

Les demandes de secours doivent toujours indiquer la position du train par le numéro du poteau kilométrique près duquel il est arrêté.

Art. 7.

En l'absence d'avis et en cas d'interruption dans la communication électrique, la machine de réserve du dépôt où le train est attendu doit être expédiée après un retard de **35** minutes pour les trains de voyageurs et de marchandises.

Art. 8.

MARCHE ORDINAIRE SANS BULLETIN DE PROLONGATION.

En conséquence de l'art. 7 ci-dessus, dès qu'un train de voyageurs ou de marchandises est en retard de **30** minutes sur l'heure réglementaire à laquelle il doit arriver au prochain dépôt, le mécanicien, quel que soit le point où il se trouve, doit arrêter immédiatement, à moins d'ordres contraires donnés au Chef de train, conformément à l'art. 9 ci-après.

Une fois le train arrêté, il ne doit, pour aucun motif, être remis en marche avant l'arrivée de la machine de réserve.

Art. 9.

MARCHE AVEC BULLETIN DE PROLONGATION.

Lorsqu'un train part d'une station avec un retard de plus de **10** minutes et que ce retard ne provient pas du mauvais état de la machine, avis en est donné à la station du dépôt où le train est attendu par la dépêche suivante :

Le train n° ______ machine en bon état, est en retard de ______ heures minutes.

Dans ce cas, le Chef de la station du dépôt n'envoie au secours qu'après un délai égal au délai réglementaire augmenté du retard signalé.

Il expédie alors la dépêche suivante, de poste en poste, jusqu'à la rencontre du train :

Le train n° ______ peut continuer sa marche jusqu'à ______ heures __ minutes.

La machine de réserve partira du dépôt de __________ à ______ heures __ minutes.

Afin de rendre tout malentendu impossible, l'accusé de réception de ces deux dépêches doit invariablement être donné par la réception textuelle de la dépêche elle-même.

La dépêche transmise par la station du dépôt doit être, conformément au bulletin imprimé modèle n° **290**, certifiée par le Chef de la station qui la reçoit, et remise par lui au Chef de train et au mécanicien.

Art. 10.

Les machines de réserve ne se déplacent pour les trains spéciaux que sur une demande formelle de secours.

Art. 11.

Tout train arrêté hors des limites des Mâts de signaux d'une station doit être immédiatement couvert par le signal rouge à 600 mètres, au moins, à l'avant et à l'arrière.

§ III.

TRAINS SPÉCIAUX.

Art. 12.

Aucun train spécial ne doit être expédié, soit des gares extrêmes, soit d'un poste télégraphique intermédiaire, sans que l'avis en ait été donné au poste télégraphique suivant et sans que celui-ci ait répondu que la voie est libre.

Cet avis ne dispense pas de l'obligation réglementaire de faire annoncer les trains spéciaux par le train régulier qui les précède lorsque cela est possible.

Art. 13.

S'il y a interruption dans la communication télégraphique par les fils de la Compagnie, aucun train spécial ne peut, à moins d'ordres formels de l'Inspecteur principal, être expédié sans être annoncé par le train régulier qui précède.

Dans ce cas, outre le signal ordinaire annonçant le train à expédier, l'avis du départ de ce train est donné à la gare extrême et aux stations de croisement; cet avis est constaté par le *visa* du tableau de marche dressé pour le train conformément à l'art. 14 ci-après.

Art. 14.

Le Chef de la gare qui expédie un train spécial consigne sa vitesse, ses stationnements et ses croisements sur un tableau de marche conforme au modèle imprimé, dressé en double expédition et remis au mécanicien et au Chef de train.

La marche des trains spéciaux doit toujours être calculée de manière à assurer leur arrivée aux points de croisement, 20 minutes, au moins, avant le train attendu en sens contraire.

Il est formellement interdit de faire croiser un train spécial avec un train régulier à une station où ce dernier n'a pas d'arrêt réglementaire.

NAPOLÉON CHAIX ET Cie.

ORDRE GÉNÉRAL N° 10

RÉGLANT LES RAPPORTS

DES SERVICES DE L'EXPLOITATION ET DE LA RÉGIE DE LA TRACTION.

---

§ I.

EXTRAITS DU CAHIER DES CHARGES DE LA RÉGIE DE LA TRACTION, DONT LA CONNAISSANCE IMPORTE AU SERVICE DES GARES ET STATIONS ET DES TRAINS.

Conditions générales.

ARTICLE 1er.

Le service de traction et l'entretien du matériel du chemin de fer d'Orléans comprend la conduite des machines locomotives, la réparation, l'entretien, le nettoyage et le graissage de ces machines, des tenders, des voitures et des wagons de toute espèce.

Ce service est mis en Régie intéressée aux conditions suivantes :

Art. 2.

La Compagnie affecte au service de la Régie les ateliers de réparation et d'entretien, les magasins, les dépôts, prises d'eau, remises de voitures et autres immeubles par elle reconnus nécessaires à ce service, ainsi que leurs dépendances, leur outillage et leur mobilier.

L'entretien et les réparations des immeubles demeurent à la charge de la Compagnie; mais les réparations locatives et celles qui seront rendues nécessaires par le fait du service lui-même, ou de ses agents, seront à la charge de la Régie.

Les réservoirs d'eau, puits, pompes, machines fixes des dépôts, conduites d'eau et de gaz, ainsi que les voies et plaques tournantes intérieures et spéciales des ateliers, seront remises, en bon état de service, à la Régie, qui supportera les frais de leur réparation et de leur entretien.

L'outillage et le mobilier seront livrés dans l'état où ils se trouvent, et successivement remis par la Régie, et à son compte, en bon état.

Art. 3.

Le matériel roulant décrit dans l'état qui, dans le plus bref délai possible, sera dressé et annexé au présent, sera livré à la

Régie, qui devra le mettre et le maintenir toujours en bon état de service. . . . .

. . . .

ART. 4.

Les augmentations de bâtiments, de matériel roulant et de gros outillage, que le développement de l'exploitation pourrait rendre nécessaires, seront exécutées aux frais de la Compagnie et mises à la disposition du Régisseur.

ART. 5.

La Compagnie fera remise à la Régie de tous les approvisionnements en matières et pièces de rechange neuves ou ayant servi, ainsi que du petit outillage et des vieilles matières. . .

. . . .

La Régie est substituée à la Compagnie pour tous les marchés contractés ou en cours d'exécution et relatifs au service de la traction et d'entretien du matériel.

Conditions de Service.

ART. 6.

Le Régisseur est tenu de maintenir constamment le matériel

roulant, machines, tenders et voitures dans un parfait état d'entretien et de propreté.

Les voitures à voyageurs seront nettoyées et lavées après chaque voyage ; les doublures, garnitures et glaces, les globes et réflecteurs des lampes d'intérieur seront nettoyés avec soin.

Les garnitures et la peinture seront renouvelées toutes les fois que la Compagnie le jugera convenable.

L'entretien du matériel roulant comprend celui des ustensiles et agrès de secours, ainsi que celui des attelages de rechange déposés dans les gares. Il ne comprend pas celui des bâches mobiles, ni les réparations et l'éclairage des lampes d'intérieur et des signaux d'arrière des trains.

Art. 7.

Lorsque la Compagnie jugera convenable de prescrire des modifications au matériel roulant, ces modifications devront être exécutées par le Régisseur et aux frais de la Compagnie, mais sans qu'il y ait lieu d'accorder aucun supplément de prix pour l'entretien.

Les modifications demandées par le Régisseur dans la forme et les dispositions essentielles du matériel roulant, des machines fixes, des prises d'eau et du gros outillage, ne pourront être exécutées que sur une autorisation spéciale de la Compagnie. La dépense en sera supportée par la Régie.

Art. 8.

La vitesse moyenne de la marche des trains sera calculée comme il suit :

Il sera déduit du temps total compris entre l'arrivée et le départ de chaque train :

1° Le temps fixé pour l'arrêt à chacune des stations que le train devra desservir ;

2° Une minute pour ralentissement et une minute pour reprise de vitesse à chaque arrêt, ainsi qu'à l'arrivée et au départ ;

3° Le ralentissement à la remonte et à la descente des rampes de 8 millimètres et au-dessus, réglé à une demi-minute par kilomètre pour les trains de voyageurs, et à une minute pour les trains de marchandises.

En cas de retard, et quelles qu'en soient les causes, les mécaniciens doivent, lorsque l'état du temps et les conditions de traction le permettent, faire tous leurs efforts pour regagner, sur le trajet qui leur reste à effectuer, le temps perdu dans la première partie du parcours.

Néanmoins, l'accélération de vitesse ne doit, en aucun cas, dépasser les limites déterminées par le tableau ci-après, proportionnellement à la marche normale des trains.

Vitesses normales.		Limites d'accélération.	
Trains de 50 à 70 kilom.	à l'heure....	80 kilom.	à l'heure.
— de 40 à 50	—	60	—
— de 32 à 40	—	50	—
— de 20 à 32	—	40	—

Art. 9.

Des machines-pilotes seront tenues en feu et constamment prêtes à partir, sur les points indiqués par la Compagnie.

Ces machines partiront au secours des trains à toute réquisition des agents de la Compagnie dûment autorisés, et dans tous les cas, après le temps de retard fixé par le règlement.

En outre, les machines nécessaires pour assurer la régularité du service seront tenues en feu et ajoutées aux trains toutes les fois que les rampes, les circonstances atmosphériques ou les difficultés de marche rendront leur addition nécessaire pour éviter des retards.

Art. 10.

Pour tout train de voyageurs arrivant avec un retard de moins de dix minutes, il ne sera fait aucune retenue, à moins que des retards n'aient eu lieu sur plus du cinquième du nombre des trains dans un mois.

Une retenue de 10 francs sera opérée sur chaque train en retard de dix minutes.

Pour chaque train ayant éprouvé un retard de plus de 10 minutes, et jusqu'à 30, il sera retenu une somme de 15 francs.

Pour un retard de plus de 30 minutes, et jusqu'à 45 minutes, la retenue sera de 50 francs.

Pour un retard de plus de 45 minutes, et jusqu'à 60, la retenue sera de 100 francs.

Si le retard excède une heure, la retenue sera du prix total du train.

Pour les retards des trains de marchandises excédant 30 minutes, on appliquera les mêmes retenues, mais seulement pour des temps doubles.

Les amendes seront portées au double des sommes ci-dessus établies dans le cas de trains attelés d'une seule machine et dont la charge dépasserait le maximum fixé par l'article 16 ci-après.

Les retenues ne seront pas appliquées pour des retards occasionnés par la neige et le verglas, pourvu toutefois que les précautions usitées en pareil cas aient été prises pour les éviter.

Il est bien entendu qu'il ne s'agit ici que des retards provenant du fait de la marche, d'accidents arrivés aux machines et wagons, ou provenant du fait des agents de la Régie, qui ne peut, en aucun cas, être rendue responsable des retards provenant du séjour prolongé aux stations, du temps perdu pour chargement et déchargement, pour manœuvres de gares, réparation de la voie ou signaux d'arrêt.

Les trains circulant sur un parcours tel qu'ils prendront plusieurs relais de machines en route, seront considérés, quant aux retards, comme autant de trains qu'ils prendront de relais.

Les délais et amendes seront applicables à chacun de ces trains, et le retard dans un relais ne pourra, dans aucun cas, donner lieu à une amende pour les relais suivants et précédents.

Art. 11.

Seront imputées au compte de la Régie :

1° . . . .

. . . .

. . . .

2° Tous les frais, toutes les indemnités auxquels donneront lieu les accidents provenant d'un défaut d'entretien du matériel ou de la négligence des agents de la Régie.

On ne mettra point à sa charge les conséquences d'accidents graves qui ne proviendraient pas du fait du service de la traction et de l'entretien.

La Compagnie supportera notamment toutes les conséquences d'accidents occasionnés par la malveillance, ainsi que les dommages causés par le feu aux propriétés voisines du chemin de fer ou aux marchandises, à moins qu'il ne soit constaté que les précautions prescrites pour éviter ces accidents n'aient pas été prises.

Conditions diverses.

Art. 12.

Le transport, par le chemin de fer, des matières, matériaux et objets de toute nature employés au service de la traction et de l'entretien du matériel, sera taxé au fur et à mesure des expéditions, par tonne et par kilomètre.

Le montant de cette taxe sera restitué à la Régie, à la fin de chaque mois.

Il ne sera pas tenu compte des frais de traction et d'entretien du matériel employé à ces transports.

Les employés du service de la Régie, voyageant pour les besoins de ce service, ne seront soumis à aucune taxe, pourvu qu'ils soient munis de laissez-passer délivrés par le Directeur de la Compagnie.

Art. 13.

Le Régisseur nomme et révoque tous les employés de son service ; il fixe leurs attributions, traitements et salaires, ainsi que les primes et gratifications à leur allouer pour économie, régularité de service, etc.

Il tiendra à la disposition de la Compagnie, pour lui en faire communication à toute demande, les états de son personnel.

Le Conseil d'administration de la Compagnie se réserve, à l'égard de tous les agents de la Régie, le droit de révocation.

Les employés du service de la traction et du matériel sont tenus de se conformer à tous les ordres et règlements de la Compagnie et de l'Administration publique, d'obéir aux ordres qui leur sont donnés par les employés préposés au service des gares ou de la voie de fer, et de se conformer rigoureusement aux signaux qui leur seront faits.

Ils subissent, quand il y a lieu, toutes les amendes, punitions, suspensions ou renvois dont l'application est requise par le Directeur de la Compagnie.

ART. 14.

Le Régisseur organise toutes les parties du service de la traction. . . . .

ART. 15.

Les recettes sont arrêtées et portées en compte à la fin de chaque mois . . . .

Prix de Traction et d'Entretien.

ART. 16.

Le prix de traction par train de voyageurs mixte ou de marchandises, remorqué par une seule machine, est fixé à...... par kilomètre.

Au-delà du nombre de wagons inscrit dans le tableau B annexé au présent Ordre général, comme limite de la charge pouvant être remorquée par une seule machine, eu égard aux rampes et aux vitesses, il pourra être attelé une seconde machine, qui sera payée à raison de... par kilomètre, ce qui portera le prix à... pour le train à double traction.

Lorsque, par suite de modifications faites aux machines pour en augmenter la force, de construction de machines très-puissantes, ou pour toute autre cause, il sera remorqué par une machine seule un nombre de voitures plus considérable que celui indiqué au tableau B de la charge des trains, les augmentations de dépense qui en résulteront seront payées pour les excédants de charge,

SAVOIR :

1° A raison de..... par kilomètre pour chaque voiture ou wagon ajouté à un train de voyageurs ou à un train mixte marchant à une vitesse de 36 kilomètres au plus ;

2° A raison de.... par kilomètre pour tout véhicule ajouté à un train marchant à une vitesse inférieure à 36 kilomètres.

Art. 17.

Dans les trains de voyageurs, toutes les voitures et tous les wagons, de quelque nature qu'ils soient, vides ou chargés, comptent pour leur nombre effectif.

Dans les trains mixtes et les trains de marchandises ou de matériaux, tout wagon vide est compté pour demi-wagon.

Tout véhicule à six roues, autres que ceux de l'Administration des Postes ou les voitures de tournée de la Compagnie, est compté comme un wagon et demi.

Tout wagon à huit roues compte pour deux wagons.

Tout wagon chargé, destiné à recevoir un chargement de huit tonnes, est compté pour un wagon un tiers, et tout wagon destiné à porter dix tonnes, comme un wagon et demi.

Art. 18.

Il ne sera alloué aucun supplément de prix pour le parcours des machines de réserve, toutes les fois que le déplacement de ces machines aura été nécessité pour assurer l'exactitude du service en cas de résistance du vent ou du mauvais temps, ou en cas d'avaries aux machines.

De même, il ne sera rien compté pour les manœuvres de gare ou pour toute autre manœuvre de machine servant à la composition et à la décomposition des trains, ces manœuvres devant être faites telles que les aura déterminées le Chef de l'Exploitation.

Le prix du parcours des machines en retour et non utilisées, ayant conduit des trains à double traction par suite de surcharge, sera payé à raison de... par kilomètre parcouru.

Il en sera de même pour l'aller et le retour de machines mises en mouvement par suite de retards dont l'Exploitation serait responsable, ou pour le retour des machiues ayant remorqué un train spécial et qui ne pourraient être utilement employées dans le délai de vingt-quatre heures ;

Et enfin, pour les machines traînant au moins quatre voitures mises en mouvement pour le service de la Compagnie.

Art. 19.

Le prix de la réparation et de l'entretien des voitures et wagons, aux conditions énoncées à l'art. 6, est fixé, sans distinction de véhicules, à..... par kilomètre parcouru.

Dans le cas où la Compagnie d'Orléans ferait échange de matériel avec d'autres Compagnies, il serait compté, par kilomètre parcouru par les voitures et wagons :

1° Pour réparation aux wagons d'Orléans ayant circulé sur les autres lignes. . . . .

2° Pour entretien des wagons des Compagnies circulant sur le réseau d'Orléans. . . . .

Art. 20.

Dans le cas où des découvertes, soit dans l'art mécanique, soit dans le choix et l'emploi du combustible, permettraient de faire aux appareils moteurs ou aux véhicules des modifications essentielles, ayant pour effet de changer très-notablement les conditions de la traction admises aujourd'hui, les clauses et les prix du présent cahier des charges seraient révisés.

§ II.

EXPÉDITION DES TRAINS ET DES MACHINES. — CONSTATATION CONTRADICTOIRE PAR LES EMPLOYÉS DE LA COMPAGNIE ET LES AGENTS DE LA RÉGIE, DES RETARDS, DES AVARIES ET DU PARCOURS DES VÉHICULES DE TOUTE NATURE.

Art. 21.

Les machines des trains réguliers doivent être rendues à la

disposition des Chefs de gare un quart d'heure au moins avant l'heure réglementaire du départ du train.

Tout retard apporté par les dépôts dans l'exécution de cette disposition doit être porté au compte de la Régie.

Lorsque la composition d'un train régulier devra dépasser le nombre de voitures fixé par la charge maximum d'une machine, le Chef de gare devra en prévenir le dépôt le plus tôt possible, avant l'heure de départ du train.

Art. 22.

Sauf les cas d'urgence, où il y a lieu d'expédier les machines de réserve qui doivent toujours être en feu, l'avis de l'expédition des trains spéciaux ou supplémentaires, nécessitant l'allumage d'une machine, doit être donné aux dépôts, avec indication de la composition du train, deux heures et demie au moins avant l'heure fixée pour leur départ.

Cet avis est donné aux dépôts, par l'envoi d'un bulletin dressé conformément au modèle n° 196.

Art. 23.

Lorsque, dans les cas de tempête, de neige ou de verglas, la charge maximum des trains, fixée par le tableau B annexé au présent Ordre général, doit être exceptionnellement réduite, le Chef de traction, ou, en son absence, le Chef du dépôt, est tenu d'en donner avis au Chef de gare, par écrit, une heure au moins avant le départ du train. Cet avis doit faire mention des motifs qui nécessitent la réduction de la charge, et indiquer la limite exceptionnelle de composition qui est demandée. Cette pièce, visée et annotée au besoin par le Chef de gare, doit être adressée à l'Inspecteur principal avec le rapport journalier.

Le tableau C., annexé au présent Ordre général, règle le nombre de gardes-freins à mettre à chaque train, suivant sa nature, sa composition et sa vitesse normale.

Art. 24.

Les machines expédiées soit en tête des trains, soit isolément, pour aller au secours, pour faire des essais ou pour toute autre cause, ne doivent partir que sur l'ordre du Chef de gare ou de station, et après la remise au mécanicien du bulletin de parcours dressé conformément aux prescriptions de l'article 27 ci-après.

Art. 25.

Le signal de départ est donné pour toute machine expédiée, soit en tête d'un train, soit isolément, avec la cloche à main ; il doit être fait par le travers du tender.

Art. 26.

La marche des trains est constatée par une feuille dite : *Feuille de marche*, sur laquelle le Chef de train doit consigner :

1° Les heures d'arrivée et de départ à toutes les stations ;

2° Le détail, la cause et la responsabilité du retard ;

3° Le temps perdu ou gagné par l'Exploitation et par la Régie ;

4° Le nombre de voitures vides ou chargées au départ de chaque station ;

5° L'état du temps et toutes les circonstances du trajet, accidents, ralentissements, arrêts imprévus, etc., etc.

Les feuilles de marche, dressées conformément aux modèles imprimés, sont préparées et visées par le Chef de gare au départ, et remises par ses soins au Chef de train ; elles sont signées contradictoirement par le Chef de train et le graisseur, et certifiées par le Chef de gare et l'agent de la Régie, à l'arrivée, après vérification des chiffres et des renseignements qu'elles mentionnent.

Les gares extrêmes d'arrivée adressent les feuilles de marche avec le rapport au bureau d'Inspection de chaque section, où elles sont classées et résumées pour la responsabilité des retards ; les Inspecteurs principaux les transmettent ensuite au Chef de l'Exploitation (Inspection générale du mouvement), avec leurs observations, pour le règlement avec la Régie des comptes de retards et de parcours kilométrique.

Art. 27.

Le parcours des machines expédiées en seconde traction ou isolément, soit pour renfort, soit pour essai, soit pour secours, soit pour toute autre cause, est constaté par la remise, au mécanicien, d'un bulletin dit *Bulletin de parcours de machines expédiées en renfort ou isolément,* dressé conformément au modèle n° 251.

Ce bulletin est détaché d'un registre à souche qui reste à la gare, à la disposition des Commissaires de surveillance administrative, pour satisfaire aux prescriptions du cinquième paragraphe de l'article 20 de l'*Ordonnance du* 15 *novembre* 1846, relatif à la tenue d'un registre pour l'attelage des secondes machines. Les Chefs des gares et stations où il est établi des dépôts doivent donc mentionner très-exactement, sur les souches des bulletins de parcours, les circonstances dans lesquelles les secondes machines ont été attelées, et les causes qui ont motivé cet attelage.

Ce bulletin indique :

1° Le nom de la gare ou de la station de départ ;

2° La date et l'heure du départ ;

3° La cause de l'expédition de la machine ;

4° Les noms du mécanicien et du chauffeur ;

5° L'heure du départ du train précédent ;

6° L'heure du départ du train suivant ;

7° L'heure de l'arrivée de la machine à destination, ou, si elle a été expédiée au secours, la désignation des aiguilles où elle a changé de voie.

8° Lorsque la machine qui part est expédiée pour faire des essais, le Chef de gare doit mentionner sur le bulletin la station que la machine ne doit pas dépasser, et préciser sa *destination.*

Le bulletin, ainsi dressé, est remis à l'arrivée de la machine à destination, ou, si elle a été envoyée en essai ou au secours, à son retour au dépôt qui l'a expédiée, au Chef de gare, qui le certifie et l'adresse à l'Inspecteur principal, avec le rapport journalier.

Les bulletins de parcours des machines expédiées en renfort ou isolément sont vérifiés et classés au bureau de chaque Inspection, et adressés chaque jour au Chef de l'Exploitation (Inspection générale du mouvement) avec les feuilles de marche.

Art. 28.

Le parcours des voitures et wagons de toute nature est réglé par une feuille spéciale, dite *Feuille de mouvement du matériel.*

Art. 29.

La feuille de mouvement du matériel est préparée par le Chef de la gare de départ; elle indique :

1° La date ;

2° Le numéro du train ;

3° Les noms du Chef de train et des gardes-freins ;

4° Les noms du mécanicien et du chauffeur, et les numéros des machines ;

5° Le nom du graisseur ;

6° Le point et l'heure du départ ;

7° Le point et l'heure d'arrivée ;

8° Le numéro et la marque de série de tous les wagons entrant dans la composition du train, avec distinction par *plein* ou par *vide* ;

9° Le poids et la nature du chargement de chaque wagon.

Toute charge placée dans un wagon suffit pour autoriser la Régie à le compter comme plein.

Par contre, la Régie admet la traction, comme vide, de tous les wagons servant au renvoi en retour *franco* des colis d'emballage, tels que sacs, paniers, cadres, plateaux, ainsi qu'aux transports de certains objets de service, tels que bâches, prolonges, cordes, tendeurs à ressorts, fanaux, agrès et tous articles pour entretien du mobilier et de l'approvisionnement des gares et stations. Les Chefs de gare qui auront à faire des expéditions dans ces conditions devront ne pas perdre de vue qu'avec cette latitude, la désignation sur les feuilles de mouvement du matériel est, vis-à-vis de la Régie, une question de confiance; ils doivent donc user de la manière la plus consciencieuse de la faculté qui leur est laissée à cet égard.

Art. 30.

La feuille de mouvement du matériel est visée par le Chef de la gare de départ et remise au Chef de train.

La date des feuilles de marche et des feuilles de mouvement du matériel sera celle de la remise de ces mêmes feuilles aux Chefs de train par les gares de départ.

Tous les trains sans exception, trains ordinaires, supplémentaires ou spéciaux, doivent être munis à leur départ d'une feuille de marche et d'une feuille de mouvement du matériel. — Les Chefs des gares de départ, chargés de l'établissement de ces feuilles, et les Chefs de train qui doivent en réclamer la remise, sont personnellement responsables de l'exécution de ces dispositions, qui sont absolues et n'admettent aucune exception, pas même l'urgence, la préparation des feuilles de marche et de mouvement du matériel étant la première condition de l'expédition d'un train, comme la préparation du bulletin de parcours est la première condition de l'expédition d'une machine envoyée en renfort ou isolément pour un service quelconque.

ART. 31.

Le Chef de train porteur de la feuille de mouvement du matériel consigne sur cette feuille tous les mouvements de matériel qui ont lieu dans le trajet, et fait certifier ces mouvements dans les colonnes *Wagons pris, Wagons laissés,* par le poinçonnage des Chefs de gare et de station où le mouvement est opéré.

ART. 32.

Le Chef de gare, au départ, et le Chef de train, pendant le trajet, consignent sur la feuille de mouvement du matériel, en regard du numéro de chaque wagon, le poids et la nature du chargement de chaque véhicule.

ART. 33.

Les feuilles de mouvement du matériel sont signées par le graisseur et le Chef de train, et remises par ce dernier au Chef de gare à l'arrivée, qui les vérifie et les vise contradictoirement avec le Chef du petit entretien ; elles sont ensuite classées par les soins de la gare et adressées à l'Inspecteur principal avec les feuilles de marche.

Art. 34.

Les Inspecteurs principaux doivent transmettre, chaque jour, au Chef de l'Exploitation (Inspection générale du mouvement), les feuilles de mouvement du matériel, en les annotant, s'il y a lieu, pour le règlement avec la Régie de la traction du compte de parcours kilométrique.

Art. 35.

Le retrait de la circulation des wagons désignés par les agents de la Régie pour être mis en réforme, soit parce qu'il est nécessaire de les faire entrer en réparation, soit parce qu'il est dangereux de les laisser continuer leur marche dans un train, est réglé par un *Bulletin de réforme* remis par le Chef du petit entretien ou le graisseur de route au Chef de la gare où le wagon doit être retiré du train.

Le bulletin de réforme doit spécifier les motifs qui nécessitent le retrait du véhicule de la circulation, et indiquer le point sur lequel il doit être dirigé, pour rester à la disposition des agents de la Régie.

Les bulletins de réforme requérant le retrait d'un wagon dans le cours du trajet d'un train ne doivent être dressés que par urgence et après un minutieux examen constatant qu'il y a danger réel ou chances évidentes d'avaries à laisser le wagon continuer jusqu'à destination.

Dans le cas où une nécessité impérieuse du service ne permettrait pas de se conformer à la demande de réforme des agents de la Régie, les Chefs de gare ou de station à qui les bons de réforme sont remis peuvent prendre sur eux de ne pas en tenir compte; mais ils doivent alors mentionner immédiatement, au rapport, les considérations qui auront déterminé de leur part cette grave décision.

Les bulletins de réforme délivrés par les agents de la Régie sont classés par le soin des gares, et envoyés chaque jour, avec le rapport, à l'Inspecteur principal, qui les transmet immédiatement, avec ses observations, au Chef de l'Exploitation (Inspection générale du mouvement).

Art. 36.

Les avaries du matériel, de quelque nature qu'elles soient, sont constatées contradictoirement entre les agents de la Régie et les Chefs de gare ou les Chefs de train, dès qu'elles sont reconnues par l'un ou par l'autre service.

Cette constatation est faite au moyen de *Bulletins d'avarie* dressés conformément au modèle n° 220, sur lesquels doivent être consignées la nature de l'avarie et ses causes. Les bulletins doivent, en outre, préciser la responsabilité des agents de l'un ou l'autre service qui, par négligence ou fausses mesures, auraient contribué à déterminer l'avarie.

Les bulletins d'avarie sont dressés et signés en triple expédition. Le premier coupon reste comme souche à la gare qui les délivre ; le second est remis aux mains des agents de la Régie; le troisième est adressé, avec le rapport journalier, à l'Inspecteur principal, qui le transmet au Chef de l'Exploitation (Inspection générale du mouvement) avec ses appréciations.

Art. 37.

Lorsque des avaries se produisent pendant la marche, les Chefs de train doivent en donner immédiatement avis aux mécaniciens et aux graisseurs, en leur laissant le soin de pourvoir aux réparations provisoires qui pourraient être jugées nécessaires. En toute circonstance, les agents de l'un et de l'autre service se doivent, d'ailleurs, un mutuel concours.

Art. 38.

Les dégradations commises dans le trajet par le fait de la malveillance des voyageurs, comme vitres cassées, lanières de vasistas coupées, coussins salis, rideaux volés, garnitures lacérées, doivent être constatées par les employés de la Compagnie. Les gardes-freins ont à exercer sur ce point la plus active surveillance. Lorsqu'ils surprennent les auteurs de ces dégradations, ils doivent en exiger le prix de ceux qui les ont commises, et, s'ils s'y refusent, faire certifier les faits par témoins et dresser procès-verbal.

Le bon entretien du matériel comme le bien-être des voyageurs exigent encore qu'il soit tenu la main à l'exécution des ordres défendant l'introduction, dans les voitures, de tout objet encombrant ou malpropre, de nature à gêner les voyageurs ou à salir les wagons.

§ III.

SIGNAUX AUX MÉCANICIENS POUR LES MANŒUVRES DES TRAINS DANS LES GARES.

Art. 39.

Les signaux aux mécaniciens pour les manœuvres dans les gares et sur les voies de service doivent toujours être faits par le Chef de train, sur l'indication du Chef de gare.

Les signaux seront faits, la nuit, avec la lanterne à la main; le jour, avec tout objet apparent dont le mouvement peut être facilement distingué à distance.

Art. 40.

Lorsque le train est en marche, le mouvement de haut en bas signifie l'arrêt; le même mouvement commande le recul lorsque le train est arrêté.

ART. 41.

Le mouvement horizontal de droite à gauche signifie la marche en avant.

ART. 42.

Le signal de départ doit invariablement être donné avec la cloche à la main.

§ IV.

EXPÉDITION DES MACHINES DE RÉSERVE, MESURES A PRENDRE EN CAS DE SECOURS.

ART. 43.

Les machines de réserve doivent être tenues constamment en feu et prêtes à partir à tout avis ou réquisition du chef de la gare ou de la station où le dépôt est établi.

ART. 44.

Les avis télégraphiques concernant les demandes de secours doivent être transmis par les soins des Chefs de gare ou de station, aux Chefs de dépôt, par écrit et sans délai.

Les avis annonçant les retards qui se produisent dans la marche des trains doivent être également transmis aux Chefs de dépôt pour tous les retards de dix minutes ou de plus de dix minutes pour les trains de voyageurs, et de vingt minutes ou de plus de vingt minutes pour les trains de marchandises.

Art. 45.

Les machines de réserve peuvent être expédiées au secours des trains, soit *de l'avant,* c'est-à-dire par la station de dépôt où *le train est attendu,* et par conséquent sur la voie qu'il n'occupe pas, soit *de l'arrière,* c'est-à-dire à la suite du train, par la station de dépôt que *le train vient de quitter,* et sur la voie même qu'il occupe.

Art. 46.

Les demandes de secours ou de renfort doivent être faites à l'adresse de la station de dépôt la plus voisine du point où le train est arrêté, et indiquer d'une manière précise la position du train en détresse.

Art. 47.

Lorsque, par l'organisation du service sur une seule voie, et dans le cas de demande de secours à l'arrière, les machines de réserve sont expédiées sur la voie même que le train occupe, le train, après que l'avis de l'arrêt a été donné, et à défaut de moyens de donner cet avis, après les délais prescrits pour l'expédition *d'office* des machines de réserve, ne doit, pour aucune raison et sous aucun prétexte, être changé de place, soit pour avancer, soit pour reculer, jusqu'à l'arrivée de la machine de secours.

Art. 48.

Dès que l'ordre d'expédier la machine de secours a été donné, ou que l'avis a été transmis d'un retard de dix minutes pour un train de voyageurs, et de vingt minutes pour un train de marchandises, le Chef de dépôt est tenu de faire préparer la machine, et d'envoyer prendre le bulletin de parcours que le Chef de gare ou de station doit préparer immédiatement.

Art. 49.

Lorsque les machines de réserve ne seront pas prêtes à partir à l'heure prescrite, le Chef de gare ou de station requerra le Chef de dépôt d'avoir à expédier le secours dans le plus bref délai.

Art. 50.

Tout retard dans l'expédition des machines de secours ou de renfort est une faute grave et doit être signalé au rapport, avec indication des causes qui l'ont motivé.

Tout mouvement de machines de réserve doit être également mentionné au rapport journalier.

Art. 51.

Lorsque la machine envoyée au secours d'un train *de l'avant* le croise, arrivant en bon état, si le temps est clair, si la voie est droite, et si la station est distante de 500 MÈTRES AU PLUS, le retour de la machine au dépôt peut s'effectuer en revenant en arrière sur la même voie.

Si ces trois circonstances ne sont pas réunies, il est interdit, sous peine de révocation, aux mécaniciens de marcher à contre-sens de la circulation établie sur chaque voie.

Toute infraction à cette prescription formelle du règlement doit être signalée par les Chefs de gare et de station, les Chefs de train ou les agents de la voie qui en auraient connaissance.

Art. 52.

Lorsque le secours est expédié *de l'avant,* le mécanicien qui conduit la machine doit, lorsqu'il a croisé le train, continuer sa route, pour aller changer de voie aux premières aiguilles.

Si le train n'a pas besoin d'être secouru ou est reparti, la machine de réserve peut rentrer à sa suite au dépôt, en marchant avec précaution, de manière à laisser toujours entre elle et le train un intervalle *d'au moins dix minutes.*

Lorsque le secours est expédié *de l'arrière,* c'est-à-dire sur la voie même que le train a suivie, le mécanicien, en approchant du point de la voie où la demande de secours indique que le train est arrêté, doit ralentir sa marche et se tenir en mesure d'aborder ou de suivre le train avec la plus grande prudence.

Lorsque la demande de secours est faite d'*office,* par le poste télégraphique où le train est attendu, et qu'elle n'indique pas le point de la voie où le train est arrêté, le mécanicien de la machine de réserve doit s'arrêter au poste télégraphique qui précède celui d'où la demande de secours est partie, et se renseigner le plus exactement possible sur la position du train en retard. En l'absence de renseignements précis à cet égard, la machine de secours doit marcher, à partir de ce moment, avec beaucoup de prudence.

Art. 53.

Avant de s'engager sur un changement de voie, les mécaniciens qui conduisent les machines de réserve doivent s'assurer que l'employé de la station ou l'employé de la voie sont présents à l'aiguille et prêts à la manœuvrer.

Hors les limites des stations, ou en l'absence des employés de la voie, les mécaniciens peuvent faire manœuvrer les aiguilles par leur chauffeur, mais ils ne doivent, dans ce cas, s'engager sur les changements de voie qu'après avoir reconnu que les voies sont libres et qu'aucun train n'est attendu ou annoncé.

ART. 54.

Pendant la nuit ou les temps de brouillard, dès que la machine a changé de voie, le mécanicien doit avoir soin de changer les signaux du tender, suivant le sens dans lequel la machine marche, de manière à toujours la couvrir du signal rouge.

ART. 55.

Le mécanicien conduisant une machine de secours ne doit aborder le train en détresse, soit par l'avant, soit par l'arrière, qu'avec les plus grandes précautions, et de manière à éviter tout choc.

ART. 56.

Dès qu'un mécanicien, conduisant une machine de secours, a rejoint le train qu'il va secourir, il doit se mettre à la disposition du Chef de train et exécuter toutes les manœuvres qui lui sont commandées.

Avant de donner le signal de départ ou de commander aucune manœuvre, le Chef de train doit s'assurer que la machine est attelée avec tous les soins nécessaires. Cette prescription est de rigueur, même lorsque le train est refoulé.

Les trains refoulés ne doivent, en aucun cas, être conduits à plus de 25 kilomètres à l'heure.

Lorsqu'un train refoulé atteint un changement de voie, le Chef de train doit, si rien de particulier ne s'y oppose, et après avoir pris la précaution de couvrir à distance les deux voies, commander les manœuvres nécessaires pour faire passer la machine en tête.

Art. 57.

S'il y a accident, déraillement ou avaries quelconques dans le matériel, et qu'aucun employé supérieur ne soit présent, la direction des manœuvres spéciales pour les réparations, comme pour la remise sur les rails des wagons ou des machines, appartient aux agents de la Régie de la traction, qui en sont immédiatement responsables.

Les employés de l'Exploitation ont spécialement à s'occuper d'assurer la sécurité des voies par les signaux ; de pourvoir aux soins, et, s'il y a lieu, aux secours à donner aux voyageurs ; de faire la garde et la surveillance des marchandises et objets quelconques momentanément déposés sur la voie ; d'ordonner l'exécution des manœuvres de marche ou de recul, de composition et de décomposition de train ; de prendre enfin toutes les mesures d'ordre et de police que les circonstances peuvent rendre nécessaires. Ils sont, d'ailleurs, tenus de donner leur concours aux agents de la traction pour tout ce qui touche aux travaux de force et au maniement du matériel.

Art. 58.

Dans les termes de l'art. 56 ci-dessus, les Chefs de train ne doivent pas perdre de vue que, hors les limites des stations et en l'absence d'employés supérieurs, ils sont responsables de la bonne conduite des trains, et qu'à ce titre, il est de leur devoir de prendre l'initiative des mesures qui peuvent assurer la bonne exécution du service. Ils sont donc autorisés, lorsque cette disposition est indispensable pour dégager les voies, éviter ou abréger les retards, ou que la force des machines est insuffisante, à séparer le train en deux ou plusieurs parties.

Art. 59.

Lorsque les réservoirs des stations où il n'y a pas de dépôt de machines seront épuisés, et que la Régie n'aura pas pourvu, par ses propres agents, à l'alimentation de ces réservoirs, les Chefs des stations où ils sont établis devront les tenir constamment pleins.

A cet effet, ils feront manœuvrer d'urgence les pompes à bras, soit par les hommes de la station, soit par des hommes supplémentaires, et enverront à l'Inspecteur principal de leur section, avec le rapport journalier, la note certifiée du travail fait et du nombre d'heures et d'hommes employés.

Art. 60.

Les Chefs de train doivent mentionner exactement sur la feuille de marche le lieu où ils ont rencontré la machine de réserve, et l'heure et le lieu où ils ont été rejoints par elle.

B

TABLEAU DE LA COMPOSITION MAXIMUM DES TRAINS.

COMPOSITION AU-DELA DE LAQUELLE UNE SECONDE MACHINE SERA PAYÉE LORSQU'ELLE SERA ATTELÉE ET COMPOSITION MAXIMUM A DOUBLE TRACTION.

NATURE DES TRAINS.	VITESSES NORMALES supposées uniformes.	INDICATION DES SECTIONS par catégories. (1)	COMPOSITION MAXIMUM Pour 1 machine.	Pour 2 machines.	OBSERVATIONS.
Marchandises	20 kilomètres et au-dessous.	1re catégorie. 2e » 3e »	42 36 28	60 58 56	
Marchandises	21 à 25 kilom.	1re catégorie. 2e » 3e »	38 32 27	58 54 50	
Marchandises	26 à 30 kilom.	1re catégorie. 2e » 3e »	35 30 26	55 50 45	
Voyageurs mixte.	31 à 35 kilom.	1re catégorie. 2e » 3e »	24 20 16	40 35 30	
Voyageurs mixte.	36 à 40 kilom.	1re catégorie. 2e » 3e »	22 18 15	38 32 26	
Voyageurs.	41 à 50 kilom.	1re catégorie. 2e » 3e »	16 14 12	24 24 24	
Voyageurs.	51 à 60 kilom.	1re catégorie. 2e » 3e »	12 10 8	20 18 15	
Voyageurs.	61 à 70 kilom. Machines spéciales.	1re catégorie. 2e » 3e »	10 8 6	16 14 12	

(1) Les trois catégories des lignes du réseau d'Orléans comprennent, savoir :

1re CATÉGORIE.

Paris à Orléans, et *vice versâ* (*)
Paris à Corbeil, D°
Vierzon à Châteauroux, D°
Orléans à Tours, D°
Tours à Nantes, D°
Bordeaux à Angoulême.

(*) Excepté la remonte de la rampe d'Etampes.

2e CATÉGORIE.

Tours à Poitiers, et *vice versâ*.
Poitiers à Angoulême D°
Angoulême à Bordeaux.
Orléans à Nevers, D°
Guétin à Clermont, D°

3e CATÉGORIE.

Remonte de la rampe d'Etampes.

NOTA La composition des trains sur les sections à ouvrir, qui ne sont pas dénommées ci-dessus, sera ultérieurement réglée d'un commun accord, par analogie avec les indications du tableau qui précède.

C

TABLEAU

Du nombre de Gardes-freins à placer dans les trains, suivant leur composition et leur vitesse normale.

NATURE DES TRAINS.	VITESSES NORMALES supposées uniformes.	NOMBRE de VOITURES.	NOMBRE de gardes-freins	OBSERVATIONS.
Trains Express.	60 kilomètres à l'heure et au-dessus.	De 1 à 5. De 6 à 10. De 11 à 16.	1 2 3	
Trains de Voyageurs.	41 à 60 kilomètres à l'heure.	De 1 à 9. De 10 à 18. De 19 à 24.	1 2 3	
Trains omnibus mixtes.	32 à 40 kilomètres à l'heure.	De 1 à 12. De 13 à 24.	1 2	
Trains mixtes et Trains de Marchandises.	31 kilomètres à l'heure et au-dessous.	De 1 à 16. De 17 à 35. De 36 à 60.	1 2 3	

Le poids mort des wagons à frein, des Voyageurs, est fixé à 1,000 kilogrammes, et ce même poids, pour chaque fourgon à bagages, doit être, en tenant compte du mouvement de la circulation aux diverses époques de l'année, de 400 kilogrammes du 1er mars au 30 octobre, et de 300 kilogrammes du 1er novembre au 28 février.

NAPOLÉON CHAIX ET Cie

ORDRE GÉNÉRAL N° 11

RÉGLANT LA

RÉPARTITION DU MATÉRIEL SUR LES DIVERSES SECTIONS DU RÉSEAU.

Article premier.

La répartition du matériel sur les diverses sections du réseau est faite, suivant les besoins de chaque gare, par les soins et sous la responsabilité d'un Agent répartiteur, résidant à Orléans.

L'Agent répartiteur règle, en conséquence, la quantité de matériel à expédier et à prendre, chaque jour, à chaque station. Il donne les ordres de répartition de manière à diminuer le plus possible le parcours à vide des wagons. Il veille à ce que chaque véhicule rentre à l'atelier qui lui est indiqué, dans les limites de parcours et les délais déterminés par les ordres spéciaux relatifs à cette partie du service.

ART. 2.

Pour l'exécution de l'art. 1er ci-dessus, l'Agent répartiteur doit, chaque matin, deux heures au moins avant le départ du premier train, remettre au Chef des gares d'Orléans l'avis de la destination à donner au matériel qu'il a disponible, et lui faire connaître les quantités de matériel que les trains expédiés d'Orléans auront à prendre et à distribuer sur leur route jusqu'à Paris, Tours et Vierzon.

Il transmet des avis semblables, et dans le même délai, soit par écrit, soit par le télégraphe, aux Chefs des gares extrêmes et des gares de bifurcation, pour la destination à donner à leur matériel disponible et la distribution de matériel à faire par les trains à expédier.

En outre, il avise les Chefs des autres stations de la destination qu'ils ont à donner à leur matériel disponible.

ART. 3.

Les Chefs de gare et de station sont tenus d'assurer l'exécution des ordres de répartition qu'ils reçoivent de l'Agent répartiteur et de régler, en conséquence, la composition des trains.

ART. 4.

Les Chefs de gare et de station doivent au Répartiteur un compte exact et quotidien de tout le matériel présent à leur station, afin de lui faire connaître, en y joignant tous les renseignements de nature à éclairer son action :

1° La quantité de matériel qu'ils ont en gare, soit à expédier, soit à décharger, ou vide ;

2° Le nombre et la nature des véhicules dont ils ont strictement besoin pour assurer le service pendant vingt-quatre heures.

Art. 5.

En conséquence, toute gare ou station où il est établi une ou plusieurs voies permettant de garer du matériel doit, qu'il y ait ou non des wagons remisés, envoyer chaque jour un état de restant en gare, dressé suivant les indications de la formule imprimée disposée à cet effet. (Modèle 114.)

Pour l'exécution de cet article, les divers ateliers de la Compagnie sont considérés comme autant de gares et sont tenus d'opérer de la même manière, c'est-à-dire d'envoyer à la fin de chaque journée le relevé, par numéro et date d'entrée à l'atelier, des wagons remisés pour visite ou réparation. (Modèle 116.)

Art. 6.

Cet état doit être dressé en double expédition et être envoyé à l'Agent répartiteur, par le *dernier train arrivant à Orléans avant minuit*, et à l'Inspecteur principal, avec le rapport journalier.

Art. 7.

Le restant en gare doit, conformément aux dispositions de la formule imprimée, indiquer avec la plus stricte exactitude le nombre de wagons de chaque espèce et la quantité de matériel mobile de chaque nature existant à la station, à quelque titre que ce soit, même momentanément.

Sont compris, sous la dénomination de matériel mobile :

1° Les bâches ;

2° Les cordes et prolonges ;

3° Les tendeurs à ressort dits *barres Lasalle*;

4° Les signaux d'arrière-train ;

5° Les boules à eau chaude ;

6° Les lampes d'intérieur de voitures.

Ces renseignements seront mentionnés dans les colonnes attribuées à chacun d'eux.

Toutes les indications de ces colonnes devront être soigneusement remplies d'après les marques, lettres de série et numéros adoptés pour la désignation de chaque nature de matériel.

Art. 8.

Il sera fait distinction, avec la plus grande attention, dans les colonnes à ce destinées, du matériel chargé et du matériel vide.

Sous la première dénomination, on comprendra tous les wagons chargés ou en chargement pour être expédiés.

On portera, au contraire, comme matériel *vide,* tous les wagons *vides et tous ceux arrivés pour être déchargés.*

Art. 9.

L'état du restant en gare doit porter très-exactement, suivant les en-tête des colonnes imprimées :

1° L'enregistrement des wagons par séries, avec indication du numéro de chaque wagon et de la date de son arrivée en gare ;

2° En face de la désignation des véhicules par espèces et par séries, le nombre de wagons de chaque type présents à la station, avec distinction entre le matériel vide et le matériel chargé ;

3° Le total général des wagons de chaque espèce présents à la station ;

4° Le nombre total des wagons de chaque espèce vides ou à décharger ;

5° Le nombre de wagons de chaque espèce dont on a strictement besoin pour assurer le service dans les 24 heures.

D'après ces indications, tout le matériel porté *vide* ou *à décharger,* déduction faite du matériel à utiliser dans les 24 heures, reste disponible.

Exemple :

8 K ou wagons à bestiaux portés comme wagons vides ou à décharger, lorsque 3 K sont mentionnés comme nécessaires pour assurer le service dans les 24 heures, indiquent que 5 wagons K restent *disponibles.*

8 wagons K portés comme wagons vides ou à décharger, lors-

que 12 sont mentionnés comme nécessaires pour assurer le service dans les 24 heures, indiquent que 4 wagons sont demandés par la station pour assurer ce service.

Dans les deux cas ci-dessus expliqués, le nombre des wagons à employer dans les 24 heures doit ressortir dans la colonne à ce destinée.

Art. 10.

Les Chefs de gare et de station ne doivent jamais, d'eux-mêmes, donner une destination aux wagons. Ils doivent attendre les ordres du Répartiteur.

Art. 11.

Dans la colonne *Renseignements et Observations*, les Chefs de gare et de station doivent porter toutes les notes et avis de nature à intéresser le service de répartition.

Telle est particulièrement l'annonce d'une partie considérable de marchandises pouvant nécessiter, dans un délai plus ou moins rapproché, le déplacement d'une forte quantité de matériel. Tel est encore le cas où des wagons chargés pour un service spécial séjourneraient plusieurs jours sans être déchargés.

Art. 12.

Outre l'envoi journalier du restant en gare et les notes écrites qu'ils ont à adresser au Répartiteur, les Chefs des gares principales de chaque ligne doivent, dès qu'ils connaissent la composition d'un train, donner immédiatement avis par le télégraphe, à la gare d'Orléans, qui en donne elle-même communication au Bureau de répartition, de l'heure du départ de ce train et du nombre de wagons vides ou pleins dont il est composé.

Il est essentiel, dans les trains de bestiaux, de distinguer les wagons en destination de Paris de ceux en destination de Choisy.

Art. 13.

Les gares extrêmes, la gare de Choisy les jours de réception des bestiaux, et les gares de bifurcation, doivent faire connaître sommairement, tous les jours, par dépêche télégraphique adressée à l'Agent répartiteur, le nombre des wagons de chaque espèce qu'elles ont disponibles.

Cette obligation ne les dispense pas de l'envoi, à la fin de la journée, de leurs états de restant en gare, dont il est parlé aux art. 5 et 6.

Art. 14.

Il est expressément défendu aux Chefs de gare et de station, quelle que soit la quantité de matériel qu'ils aient demandée et dont ils aient besoin, de retirer d'un train les wagons qui ont reçu une autre destination.

Cette prescription, *qui n'admet aucune exception*, est indispensable pour la régularité du service ; car le matériel en retour dès extrémités de ligne étant connu, le Répartiteur prévoit comment les stations intermédiaires pourront être approvisionnées, et prend ses mesures en conséquence ; tout changement apporté à ses ordres dans la distribution sur la ligne du matériel de retour ne peut donc se faire qu'au préjudice d'une ou de plusieurs stations.

Art. 15.

Le matériel mobile défini à l'art. 7 doit, comme le matériel roulant, figurer exactement sur les restants en gare dans la colonne qui lui est réservée, quel que soit l'usage auquel il est employé.

L'approvisionnement de ce matériel est fait de la même manière que pour le matériel roulant. En conséquence, tous les objets qui le composent doivent être portés chaque jour sur le restant en gare, absolument comme les wagons eux-mêmes, avec indication des marques et numéros qui distinguent ceux existants en gare et du nombre de ceux de chaque espèce nécessaires pour le service.

Les cordes, les prolonges et les tendeurs doivent être invariablement portés sur les feuilles de route et les bordereaux de chargement, soit lorsqu'ils sont expédiés en service, soit lorsqu'ils sont dirigés en approvisionnement d'une gare sur l'autre, par ordre du Répartiteur.

Les gares et stations sont rendues pécuniairement responsables des objets désignés ci-dessus comme *matériel mobile*, qui seraient perdus ou égarés par suite d'infraction à ces dispositions.

Art. 16.

Toute exagération dans les demandes de matériel est une faute grave, en ce qu'elle compromet infailliblement le service sur d'autres points, et peut ainsi préjudicier aux intérêts de la Compagnie.

Art. 17.

Les ordres du Répartiteur sont exécutoires par les Chefs de gare et de station d'une manière absolue, sauf les cas d'impossibilité, qui devront être justifiés et dont il sera rendu compte immédiatement au Répartiteur et sur le rapport journalier.

Toute infraction ou négligence dans l'exécution de ces ordres donnera lieu à des pénalités sévères, et les Chef de gare et de station encourront la responsabilité de tous les dommages qui résulteraient pour la Compagnie de l'inexécution des mesures prises par l'Agent répartiteur.

La distribution du matériel, d'après les ordres du Répartiteur, est constatée par des *notes de distribution* et des *bulletins de communication*. (Modèles 296 et 294.)

L'emploi de ces imprimés est réglé de la manière suivante :

1° Le *bulletin de communication* est destiné à constater les causes de retard dans l'expédition des wagons qui restent immobilisés dans les gares.

Cet imprimé doit être rempli avec soin par les gares et stations auxquelles il est adressé, et renvoyé immédiatement au Répartiteur, à Orléans.

2° La *note de distribution* a pour objet de régler la remise à destination du matériel demandé par le restant en gare.

Chaque train contenant du matériel vide, en destination d'un point quelconque de la ligne, doit être accompagné d'une note de destination.

La note est dressée, d'après les indications du Répartiteur, par le Chef de la gare de départ, et remise au Chef de train.

Le Chef de train doit faire émarger chaque gare où des wagons sont laissés.

La note, certifiée par le Chef de train, est remise par ses soins à la gare extrême de destination, qui doit la renvoyer immédiatement au Répartiteur, à Orléans.

La note de distribution est détachée d'un registre à souche. Les souches de toutes les notes expédiées dans la journée doivent être remplies avec soin, comme les feuilles elles-mêmes, et envoyées chaque jour au Répartiteur, avec le restant en gare.

Lorsqu'il y a lieu de donner une destination aux wagons qui restent disponibles dans les stations intermédiaires, le Répartiteur en avise les gares extrêmes d'où partent les trains qui doivent opérer le mouvement de ce matériel.

Les gares qui reçoivent ces avis doivent en tenir compte dans la composition des trains, et les consigner sur leurs notes de distribution.

Si quelque cause s'oppose à l'exécution du mouvement de matériel indiqué par le Répartiteur, la gare qui a reçu l'avis doit faire connaître immédiatement au Bureau de répartition les raisons qui ne permettent pas de l'exécuter. Ce renseignement doit être transmis au Répartiteur, par le télégraphe, et mentionné à la colonne d'observations du restant en gare.

Les gares et stations sont rendues responsables de la stricte exécution de ces dispositions.

Les gares qui reçoivent un train chargé de distribuer du matériel doivent exiger la rentrée des notes de distribution et en assurer le renvoi au Bureau de répartition.

Les gares de départ des trains ont la même responsabilité pour l'envoi des souches des notes de distribution, dont les conducteurs doivent être régulièrement chargés par le poinçonnage au bordereau des feuilles et plis.

En ce qui concerne les bulletins de communication, leur renvoi au Bureau de répartition reste sous la responsabilité des Chefs de gare et de station à qui ces bulletins sont adressés par le Répartiteur.

ART. 18.

L'Agent répartiteur adresse tous les jours au Chef de l'Exploitation (Inspection générale du mouvement) et à chacun des Inspecteurs principaux, un rapport dans lequel il signale :

1° Les besoins accusés par les gares et stations de chaque section et les mesures qu'il a prises pour y satisfaire;

2° Les gares et stations qui n'ont pas utilisé tous les wagons qu'elles avaient demandés;

3° Celles qui garderaient du matériel en déchargement pendant plus de 24 heures;

4° Celles qui lui feraient des rapports inexacts sur leur restant en gare;

5° Celles enfin qui ne se seraient pas conformées à ses instructions.

Ces rapports, visés et annotés par les Inspecteurs principaux, sont envoyés tous les jours au Chef de l'Exploitation (Inspection générale du mouvement).

NAPOLÉON CHAIX ET Cie

ORDRE GÉNÉRAL N° 12

RÉGLANT L'EXÉCUTION

DES TRAVAUX NEUFS OU DE GROSSES RÉPARATIONS ET LE TRANSPORT DES MATÉRIAUX SUR LES SECTIONS EN EXPLOITATION.

---

§ I.

SURVEILLANCE DES TRAVAUX, PRESCRIPTIONS CONCERNANT LES ENTREPRENEURS, LES EMPLOYÉS, LES TACHERONS ET LES OUVRIERS.

ARTICLE PREMIER.

Des travaux neufs ou de grosses réparations, et généralement tous les travaux exécutés sur le chemin de fer et pouvant occuper, gêner ou interrompre les voies principales, seront exécutés sous l'autorité de l'Ingénieur de l'arrondissement, et la surveillance des Chefs et Sous-Chefs de section, et des Chefs de district.

ART. 2.

Toutes les fois que les travaux obligent à modifier notablement, pendant plusieurs jours, la marche ordinaire des trains, ces travaux ne peuvent être commencés qu'après qu'un Ordre spécial proposé par l'Ingénieur en chef de la Compagnie et par le Chef de l'Exploitation, et approuvé par le Directeur, a déterminé les dispositions qui doivent être adoptées.

Ces ordres seront portés immédiatement à la connaissance de l'Ingénieur en chef du Contrôle.

Les mêmes mesures seront prises pour tous les travaux neufs ou de grosses réparations entrepris dans des souterrains, ayant une longueur de plus de 300 mètres.

ART. 3.

Toutes les fois que des travaux neufs ou de grosses réparations seront entrepris en un point du chemin de fer, un Agent spécial, ou l'un des ouvriers désignés par le Chef de section, sera chargé de prendre les mesures nécessaires pour assurer en ce point la sécurité des trains et celle des ouvriers employés sur la ligne. Il donnera des ordres à cet effet, soit aux ouvriers, soit aux Gardes voisins, et il devra toujours être porteur du tableau de la marche des trains.

Toute équipe de travailleurs devra avoir à sa disposition deux drapeaux rouges et deux drapeaux blancs. Si les travaux doivent être prolongés après le coucher du soleil, elle devra avoir, en outre, deux lanternes à verre rouge et deux lanternes blanches.

ART. 4.

Si, par suite des travaux en cours d'exécution, une partie du chemin ne doit être parcourue par les trains qu'avec une vitesse réduite, ce ralentissement sera indiqué par deux drapeaux blancs pendant le jour, et deux lanternes blanches pendant la nuit, placées à 500 mètres de chacune des extrémités de cette partie du chemin.

Si l'exécution des travaux exige que la circulation soit interrompue momentanément sur un point du chemin, ce point sera immédiatement couvert, par un signal rouge placé à une distance de 1,000 mètres. La même précaution sera prise toutes les fois que les voies se trouveront obstruées par une cause quelconque.

Si pendant l'exécution des travaux, il survient quelque accident qui rende les voies impraticables, il en sera donné aussitôt avis au Chef de section, ou à son défaut au Chef de district, ainsi qu'aux Chefs des stations les plus rapprochées. Les signaux seront d'ailleurs faits ainsi qu'il est dit au paragraphe précédent.

Art. 5.

Dans l'exécution des travaux, les Chefs de section se conformeront exactement aux ordres écrits qui leur seront remis ; ils donneront aux entrepreneurs, tâcherons et ouvriers, les instructions nécessaires, et leur feront connaître les prescriptions des art. 3, 4, 5, 6, 7 et 8 du présent Ordre général; ils recommanderont aux Chefs surveillants et aux Gardes voisins des travaux, de redoubler de vigilance et d'attention, de veiller et de s'opposer à ce que nul ne transgresse les ordres donnés, et de visiter, nettoyer et balayer les voies toutes les fois que cela sera nécessaire ; ils prescriront, en outre, selon les circonstances, les mesures destinées à prévenir les accidents.

Art. 6.

Aucun entrepreneur, tâcheron, ouvrier, ne pourra entreprendre un travail sans en avoir préalablement prévenu le Chef de la section. Ils se conformeront d'ailleurs aux instructions qui leur seront données, et ils seront responsables des accidents qui résulteraient de l'inobservation de ces instructions, de leur négligence ou défaut de soin.

Art. 7.

Nul ne pourra introduire des chevaux ou des voitures en dedans des clôtures du chemin de fer, intercepter ou encombrer les voies, même momentanément, en y déposant des matériaux, y plaçant des wagons, ou de toute autre manière, sans y être autorisé par un ordre écrit.

Art. 8.

Les entrepreneurs, tâcherons et ouvriers travaillant sur le chemin de fer, devront se garer aussitôt qu'un train sera en vue ; ils ne devront jamais déposer sur les voies ou à proximité, des brouettes, madriers, outils, matériaux pouvant obstruer les voies ou être atteints, soit par les marche-pieds des voitures, soit par les bielles ou les cendriers des locomotives.

Art. 9.

Les Chefs surveillants et les Gardes veilleront d'une manière toute spéciale à ce que les personnes travaillant sur le chemin de fer se conforment aux prescriptions ci-dessus, et à celles qui, dans chaque cas particulier, seront données par le Chef de section.

§ II.

TRAVAUX PRÉPARATOIRES, MESURES RELATIVES AU CHARGEMENT ET DÉCHARGEMENT DES MATÉRIAUX.

Art. 10.

Près des voies de carrières ou sablières voisines des voies principales, sur lesquelles on montera les wagons avec des chevaux, on prendra toujours les mesures nécessaires pour empêcher les chevaux de venir sur les voies principales.

Art. 11.

Les voies servant à garer les wagons seront fermées au moyen d'une traverse-bascule, pour que les wagons, poussés par le vent, ou la pente du chemin, ne puissent venir sur les voies principales.

Art. 12.

Les matériaux qu'on aura à déposer sur le bord du chemin, pour les charger sur les voies principales, seront rangés avec soin, afin qu'ils ne puissent ni rouler sur les rails, ni être atteints par les marche-pieds des wagons ; à cet effet, ils seront déposés à 1 mètre 50 centimètres au moins des rails, et leur talus, du côté de la voie, devra présenter une inclinaison d'au moins *deux* de base pour *un* de hauteur.

Art. 13.

Les matériaux déchargés sur les voies seront immédiatement rangés ou étalés, pour qu'ils ne puissent ni rouler sur les rails, ni être atteints par les wagons ou les locomotives.

Art. 14.

Lorsque, pour charger ou décharger les matériaux, ou pour toute autre cause, il faudra faire stationner les wagons sur les voies principales, un homme muni d'un drapeau ou d'une lanterne rouge sera placé pendant tout le temps du stationnement, à 1,000 mètres du train, afin de faire, au besoin, le signal d'arrêt.

§ III.

SURVEILLANCE ET COMPOSITION DES TRAINS DESTINÉS AU TRANSPORT DES MATÉRIAUX, MESURES DE PRÉCAUTIONS A PRENDRE PENDANT LEUR MARCHE.

Art. 15.

Les trains de matériaux seront tous accompagnés par un Employé qui prendra le titre de Chef de transport.

Le Chef de transport sera le Chef ou le Sous-Chef de section, ou, à défaut de l'un de ces deux Employés, un Agent spécial désigné par l'Ingénieur de l'arrondissement, et placé sous son autorité ou sous celle du Chef de section.

Le Chef de transport fera observer les mesures prescrites par le présent Ordre général et par les Ordres spéciaux autorisant les transports.

Il signalera immédiatement à ses Chefs toutes les infractions à ces prescriptions.

Art. 16.

Le Chef de transport, après s'être entendu avec les Chefs de gare et de station, fera connaître au Chef du dépôt où sera remisée la machine employée aux transports, les heures auxquelles commencera le travail, afin que celui-ci fasse préparer la machine pour l'heure fixée.

Art. 17.

Le Mécanicien et le Chauffeur sont chargés de la manœuvre de la machine. Ils veilleront à ce qu'elle soit munie de tous ses agrès. Ils se conformeront aux prescriptions du Règlement pour les Mécaniciens et Chauffeurs. Ils ralentiront ou arrêteront le train aux points qui leur seront indiqués par le Chef de transport.

Art. 18.

Le Chef de transport sera muni d'une carte indiquant l'heure de l'arrivée des trains aux stations et d'une montre qu'il règlera tous les jours aux horloges du chemin, pour qu'il puisse connaître exactement les heures de passage des trains ordinaires.

Art. 19.

Toutes les fois que des chevaux seront employés à l'exploitation d'une sablière ou d'une carrière, un homme, désigné par le Chef de section et placé sous l'autorité et la surveillance du Chef de transport, sera chargé :

1° De veiller à ce que les chevaux ne viennent jamais sur les voies principales ;

2° De fermer à clef la porte qui établit la communication entre les voies principales et la voie de gare, et de ne l'ouvrir que pour laisser entrer ou sortir les wagons ;

3° De fermer à clef la bascule destinée à empêcher les wagons, remisés sur la voie de gare, de s'approcher des voies principales ;

4° De nettoyer et entretenir en bon état la voie de gare et les changements de voie servant au service de la sablière ou de la carrière ;

5° De manœuvrer les aiguilles de ces changements de voie et de s'assurer, avant de les quitter, qu'elles sont remises dans la position voulue.

Art. 20.

Le Chef de transport tiendra un état sur lequel il indiquera chaquej our le numéro de la machine employée aux transports, le nombre des trains exécutés, le nombre des wagons entrant dans chaque train, la distance parcourue, la durée de la marche, les lieux de chargement et de déchargement, la nature et le cube des matériaux transportés, et leur destination.

Art. 21.

Les wagons seront visités fréquemment par le Chef de transport et le Chef du petit entretien du dépôt le plus voisin ; ceux ayant besoin de réparations et ceux dont les freins ne seraient pas en bon état, seront renvoyés au dépôt pour y être immédiatement réparés par les soins du Chef du petit entretien.

Art. 22.

Le Chef de transport fera mettre un wagon à frein à l'arrière du train. Il placera sur ce wagon un homme chargé de serrer le frein, et, en outre, d'appeler, en cas de besoin, l'attention du Mécanicien et de faire le signal d'arrêt ; à cet effet, cet homme devra être pourvu d'un cornet d'appel, d'un drapeau et d'une lanterne rouges. Dans les temps de brouillard, il aura en outre à sa disposition six pétards.

Art. 23.

Lorsque les wagons seront poussés par la machine, leur vitesse ne devra pas dépasser 25 kilomètres par heure.

Art. 24.

Les stations et les changements de voie seront traversés lentement et avec prudence. Avant que le train s'engage dans un changement de voie dont les aiguilles ne sont pas manœuvrées par un aiguilleur spécial, le Chef de transport s'assurera que les aiguilles sont bien dans la position voulue ; il s'assurera également, après le passage du train, que les aiguilles sont remises à leur place.

Art. 25.

Les mouvements, dans l'intérieur des gares et stations, seront concertés avec les Chefs de ces établissements, et les wagons remisés sur les voies qu'ils indiqueront.

ART. 26.

Le Garde-frein, placé sur le dernier wagon des trains, devra se présenter au Chef de transport aux points de stationnement prolongé, afin que celui-ci sache qu'il n'est pas resté de wagons en route.

Si des freins d'attelage viennent à se rompre, le Garde-frein serrera le frein et jettera du sable sur les voies, afin d'arrêter les wagons séparés de la tête du train ; au moyen du cornet il tâchera de se faire entendre du Mécanicien ; s'il n'y parvient pas, il se portera, après avoir arrêté les wagons, à 800 mètres en avant du côté par lequel doit revenir le premier train, afin de lui faire le signal d'arrêt.

Si le Mécanicien s'aperçoit de la rupture des chaînes d'attelage, il arrêtera la machine lentement et avec précaution, ainsi que le prescrit le Règlement pour les Mécaniciens et Chauffeurs.

ART. 27.

S'il n'y a pas de Graisseur dans les trains, les Gardes-freins seront en outre chargés du graissage des wagons. Pendant qu'on les chargera ou déchargera, ils visiteront les boîtes à graisse, afin de garnir celles qui seraient vides ; ils veilleront avec soin à ce qu'il ne s'introduise pas de sable dans ces boîtes. Ils signaleront au Chef de transport tous les wagons dont les boîtes seraient chaudes; celui-ci fera marquer les wagons, et il les notera sur son carnet pour les signaler à son tour au Chef du petit entretien.

Art. 28.

Lorsqu'on remisera les wagons sur les voies de gare, le Chef de transport veillera à ce qu'ils soient arrêtés au moyen de la traverse-bascule ; il fera prendre toutes les précautions nécessaires pour les empêcher de se rapprocher des voies principales.

§ IV.

MISE EN CIRCULATION ET SENS DE LA MARCHE DES TRAINS DE MATÉRIAUX.

Art. 29.

Des transports de matériaux ne pourront être entrepris sur les voies principales qu'en vertu d'un Ordre spécial qui fera connaître le jour où les transports devront commencer, celui où ils devront finir, les points entre lesquels ils auront lieu, le dépôt qui devra livrer la machine, et les prescriptions particulières qu'il y aura lieu à observer dans certains cas.

Lorsque les transports auront une certaine importance et devront durer plusieurs jours, l'Ordre spécial servant à les réglementer sera proposé de concert par l'Ingénieur en chef de la Compagnie et le Chef de l'Exploitation, et approuvé par le Directeur.

Dans les autres cas, l'Ordre spécial sera simplement concerté entre l'Inspecteur principal de l'Exploitation et le Chef de section de la voie.

Les Ordres spéciaux approuvés par le Directeur seront portés à la connaissance de l'Ingénieur en chef du Contrôle. Ceux concertés entre l'Inspecteur principal de l'Exploitation et le Chef de section de la voie, seront communiqués aux Commissaires de surveillance dans la circonscription desquels les transports de matériaux devront être effectués.

Art. 30.

Tout train employé au transport des matériaux marchera constamment dans le sens des convois, c'est-à-dire sur la voie de gauche, lorsqu'il s'éloignera de Paris, et sur la voie de droite, lorsqu'il s'en rapprochera.

Il devra toujours se tenir au moins à dix minutes d'intervalle du train qui le précédera, et à vingt minutes du train qui le suivra.

Lorsqu'un train extraordinaire sera annoncé, le transport des matériaux sera suspendu et les wagons garés jusqu'après le passage du train annoncé.

Sous l'observation des conditions qui viennent d'être indiquées, et sauf les modifications qui y seraient apportées par les Ordres spéciaux, liberté de manœuvre est accordée aux trains de matériaux.

Art. 31.

Toutes les fois qu'un service de transport de sables ou de matériaux commencera, l'Ingénieur de l'arrondissement, ou, à son défaut, le Chef de section, accompagnera les deux ou trois premiers trains, pour mettre tous les Employés ou ouvriers au courant du service, veiller à ce qu'ils se conforment aux prescriptions du présent Ordre général et des Ordres spéciaux, s'assurer que, dans la pratique, il ne se produit pas un fait de nature à entraver ou à gêner la circulation des trains ordinaires, et signaler enfin les mesures qu'il pourrait y avoir à prendre pour chaque cas particulier, afin d'améliorer le service.

NAPOLÉON CHAIX ET Cie

ORDRE GÉNÉRAL N° 13

RÉGLANT

LES FONCTIONS DES AIGUILLEURS.

ARTICLE PREMIER.

DÉFINITION DU SERVICE.

Les aiguilleurs sont des agents spéciaux chargés de la manœuvre et de l'entretien d'un ou plusieurs changements et croisements de voie.

Ils peuvent, en outre, être chargés de l'exécution des travaux de menu entretien d'une portion de chemin de fer qui prend le nom de *canton*.

ART. 2.

CHEFS DE STATION AIGUILLEURS.

Dans les stations où les mouvements de trains sont rares et peu compliqués, le Chef de station est en même temps aiguilleur.

Il doit se conformer alors à toutes les prescriptions du présent Ordre. Il a la faculté de faire manœuvrer et entretenir les changements de voie par le facteur ou par un homme d'équipe de la station, mais cette manœuvre et cet entretien restent toujours sous sa responsabilité.

ART. 3.

MANŒUVRE DES CHANGEMENTS DE VOIE.

Pour la manœuvre des changements de voie, les aiguilleurs sont placés sous la surveillance directe des Chefs de gare, et ils doivent se conformer en tous points aux ordres qu'ils reçoivent de ces derniers.

Ils maintiennent les aiguilles au passage de chaque train, de manière à le diriger convenablement sur la voie qu'il doit suivre.

Lorsqu'un train ne doit pas être aiguillé, et que néanmoins il aborde des aiguilles par la pointe, l'aiguilleur, pendant tout le temps de son passage, tient le levier de ces aiguilles et assure leur position.

Les aiguilles des changements de voie qui ne sont pas destinées au service habituel et journalier des machines ou des trains, doivent être maintenues dans leur position normale au moyen d'un cadenas fermé à clef. Cette clef reste sous la garde du Chef de station, de l'aiguilleur ou du garde-ligne, suivant la position des changements de voie.

Si, par suite d'un accident, d'une réparation ou de toute autre cause, la circulation s'effectue momentanément sur une voie, les aiguilleurs placés à chaque changement de tête ne doivent laisser les trains s'engager sur la voie unique réservée à la circulation, qu'après s'être assurés qu'ils ne peuvent pas être rencontrés par un train venant dans un sens opposé.

Art. 4.

ENTRETIEN DES CHANGEMENTS DE VOIE ET DU CANTON.

Pour l'entretien des changements et croisements de voie et de leur canton, les aiguilleurs sont placés sous l'autorité directe des Chefs de district et des Chefs de section de la voie, qui leur transmettent les instructions nécessaires pour cette partie de leur service, et en surveillent l'exécution.

Les aiguilleurs visitent les aiguilles dans toutes leurs parties avant et après le passage de chaque train, pour s'assurer qu'elles sont en bon état et qu'elles manœuvrent avec facilité.

Dès qu'un dérangement quelconque se manifeste dans un

changement ou un croisement de voie, l'aiguilleur qui en est chargé doit en prévenir de suite le Chef de station; il en donne avis en même temps au Chef de district ou au Chef de section de la voie, qui pourvoit à sa réparation.

Si le dérangement est tel que les trains ne puissent pas passer, l'aiguilleur doit les arrêter, soit en tournant au rouge le Mât de signaux, s'il en existe un convenablement placé, soit en allant à leur rencontre, à 1,000 mètres en avant, pour faire le signal d'arrêt.

Dans l'intérieur des changements de voie, le sable ou la pierre cassée du ballast seront arrasés au niveau des traverses. Les surfaces de glissement des coussinets et les faces intérieures des aiguilles et des rails entaillés, seront essuyées tous les jours avec soin, de manière qu'il n'y reste ni sable ni poussière pouvant gêner le mouvement des aiguilles. Les boulons seront aussi passés en revue journellement, et les écrous serrés, si cela est nécessaire.

En temps de neige et de gelée, les changements et croisements de voie seront nettoyés plusieurs fois par jour, dans le but d'empêcher la formation de bourrelets d'eau ou de neige congelée, pouvant gêner leur manœuvre.

Pour l'entretien de leur canton, les aiguilleurs sont d'ailleurs soumis au règlement concernant le service des gardes.

ART. 5.

SIGNAUX.

Chaque aiguilleur en service doit être muni d'un drapeau rouge le jour, et d'une lanterne à verres vert et rouge la nuit, afin de faire, au besoin, les signaux nécessaires pour arrêter un train ou interrompre la circulation sur les voies.

ART. 6.

AIGUILLEURS DÉPENDANT EXCLUSIVEMENT DU SERVICE DE LA VOIE.

Par exception aux dispositions ci-dessus, les aiguilleurs placés sur des points de la ligne éloignés des stations, tels que ceux de Guillerval, des Aubrais, du pont Bannier, de Vierzon-Forges et du Guétin, sont mis sous les ordres des agents du service de la voie, même pour ce qui concerne la manœuvre des changements de voie.

DISPOSITIONS COMPLÉMENTAIRES.

Art. 7.

CLASSEMENT DES AIGUILLEURS. — SALAIRES.

Les aiguilleurs sont divisés en trois classes, auxquelles il est alloué des salaires différents.

Dans le but de récompenser les bons services et de punir la négligence, le classement est revu tous les semestres.

Le classement et la nomination des aiguilleurs sont proposés de concert au Directeur par l'Ingénieur en Chef de la Compagnie et le Chef de l'Exploitation.

Art. 8.

PAIEMENT DES AIGUILLEURS. — AMENDES.

Les salaires des aiguilleurs, autres que ceux désignés à l'art. 6, sont réglés et payés par les soins du Chef de l'Exploitation.

L'Ingénieur en Chef de la Compagnie fait connaître, tous les mois, au Chef de l'Exploitation, les amendes que les aiguilleurs peuvent avoir encourues pour manquement aux instructions concernant l'entretien des changements et croisements de voie et de leur canton. Le montant de ces amendes est retenu sur la feuille de solde. Il lui fait connaître également, chaque mois, les retenues à opérer pour fournitures d'habillement, dont le montant lui est ensuite adressé par le Chef de l'Exploitation, auquel les Inspecteurs principaux doivent envoyer les sommes provenant de ces retenues.

Art. 9.

OUTILLAGE.

Chaque aiguilleur doit être pourvu des outils et objets suivants :

1° Une pelle en fer.

2° Un rateau à dents de fer.

3° Un sabot en bois.

4° Un cordeau de 20 mètres.

3° Une chasse à enfoncer les coins.

6° Un balai.

7° Une pioche pour curer à fond les contre-rails des croisements de voie.

8° Une clef anglaise et accessoires (boîte d'aiguilleur).

9° Une lanterne à verres rouge et vert.

10° Un drapeau rouge.

11° Deux burettes, dont une pour l'huile grasse et l'autre pour l'huile à brûler.

Ces objets, fournis par le service de la voie, doivent être constamment tenus au complet et en bon état de service. Les Chefs de gare et de station doivent assurer la stricte exécution de cette mesure, dont ils sont rendus responsables.

Toute perte ou détérioration des outils et objets ci-dessus, par la faute des aiguilleurs, reste à leur charge.

ART. 10.

CONGÉS ET REMPLACEMENTS.

Les aiguilleurs ont droit à une permission d'un jour par mois dont ils doivent faire la demande à l'avance à leur Chef de gare, comme pour tous les autres congés dont ils peuvent avoir besoin.

Ils sont remplacés dans leur service par les soins des Chefs de section de la voie, auxquels les Chefs de gare et de station doivent donner avis des absences des aiguilleurs, assez à temps pour assurer leur remplacement.

Les dispositions du présent article ne s'appliquent qu'aux aiguilleurs dépendants du service de l'Exploitation.

NAPOLÉON CHAIX ET Cie

ORDRE GÉNÉRAL

N° 14

RÉGLANT LE

CONCOURS DES GARDES-LIGNE AU SERVICE DES PETITES STATIONS.

ARTICLE PREMIER.

Dans les stations où le Chef de station n'est assisté par aucun autre Employé de l'Exploitation, le Garde-ligne ou le Garde-barrière le plus voisin peut, si les besoins du service l'exigent, être mis à la disposition du Chef de station, pour l'aider dans certains détails de service.

ART. 2.

La nécessité de ce concours et les limites dans lesquelles il doit s'exercer seront déterminées par une décision annuelle du Directeur, portant approbation d'un Tableau dressé de concert par l'Ingénieur en chef de la Compagnie et par le Chef de l'Exploitation.

Ce Tableau donne l'énumération des stations pour lesquelles le concours s'exercera pendant l'année courante, et l'indication, variable pour chaque station, des points sur lesquels le concours portera.

Art. 3.

Le concours à prêter par les Agents de la voie au Chef de quelques-unes des petites stations est limité aux parties de service ci-dessous énumérées :

1° Pesage des bagages et autres colis au moment du passage des trains ;

2° Contrôle des billets au départ et à l'entrée des salles d'attente ;

3° Retrait des billets à la sortie ;

4° Manœuvre des Mâts de signaux ;

5° Manœuvre des wagons, chargement et déchargement des colis au passage des trains de marchandises ;

6° Manœuvre des aiguilles ;

7° Entretien des aiguilles et changements de voie ;

8° Nettoyage des lieux d'aisances.

Toutefois, il demeure bien entendu que toutes les opérations exécutées par le Garde restent tout entières sous la responsabilité du Chef de station.

ART. 4.

Dans les stations où, conformément au Tableau prévu à l'art. 2, le concours du Garde devra porter sur les opérations notées 1, 2, 3, 4 et 5 dans l'article précédent, la présence du Garde à la station n'est exigible que quinze minutes avant l'heure fixée pour l'arrêt du train; le Garde pourra être retenu à la station cinq minutes après le départ de chaque train. Ce délai sera porté à quinze minutes pour les trains de marchandises ayant laissé, à la station, des wagons qu'il y aurait lieu de manœuvrer.

Il est formellement interdit aux Chefs de station de réclamer la présence du Garde pour le passage des trains qui ne s'arrêtent pas à la station.

ART. 5.

Quant aux opérations notées 6, 7 et 8 dans l'art. 3, elles seront effectuées par le Garde au moment de la journée qui sera déterminé de concert entre le Chef de section de la voie et le Chef de station, comme se prêtant le mieux aux exigences des deux services.

ART. 6.

Défense absolue est faite aux Chefs de station d'exiger

le concours du Garde pour des opérations autres que celles portées sur le Tableau annuel prévu à l'art. 2, en regard du nom de chaque station, et notamment de l'employer aux travaux intérieurs de la station, ou de lui demander des services personnels.

ART. 7.

Les Gardes appelés à concourir au service des stations, au moment du passage des trains de Voyageurs, doivent revêtir la veste d'uniforme des Facteurs (§ XI de l'ORDRE GÉNÉRAL RÉGLANT LA TENUE UNIFORME, N° 27). Cette veste reste déposée à la station pendant le temps où le Garde ne la porte pas.

La veste d'uniforme est fournie gratuitement aux Gardes par le service de l'Exploitation. Lorsqu'ils changent de résidence, ils laissent la veste à la station.

NAPOLÉON CHAIX ET Cie

ORDRE GÉNÉRAL

N° 15

RÉGLANT

LES SOINS A PRENDRE DANS LES TEMPS DE NEIGE ET DE VERGLAS.

ARTICLE PREMIER.

L'enlèvement des neiges et du verglas est fait sous l'inspection des Ingénieurs de la voie et sous la surveillance des Chefs de section, Chefs de district et Piqueurs de nuit, par les Aiguilleurs, les Gardes de jour, les Poseurs, et au besoin par les Gardes de nuit et par des ouvriers supplémentaires.

ART. 2.

Pour l'exécution de ce travail, la ligne est divisée en autant de cantons qu'il y a d'Aiguilleurs, de Gardes et de Poseurs.

La longueur des cantons des Aiguilleurs est fixée de concert par l'Ingénieur en chef et le Chef de l'Exploitation.

Celle des cantons des Gardes et des Poseurs, par l'Ingénieur de l'arrondissement, sur la proposition des Chefs de section.

La longueur des cantons varie avec le nombre et l'importance des changements de voie et des passages à niveau qui s'y trouvent, avec la plus ou moins grande quantité de neige qui s'y accumule, suivant qu'ils sont ou non abrités contre le vent.

Les Chefs de section feront connaître à l'avance, à chaque Agent, le numéro et les limites du canton qui lui est confié.

Chaque Aiguilleur doit toujours être placé sur le canton où sont établies les aiguilles qu'il manœuvre, et chaque Garde-barrière sur le canton où est son passage à niveau le plus fréquenté.

Art. 3.

Chaque Agent préposé à l'enlèvement des neiges doit être muni, à ses frais :

1° De deux balais,

2° D'une large pelle en bois,

3° D'une raclette en fer,

4° D'un rabot en bois.

L'entretien et le renouvellement de ces outils sont également faits à ses frais.

Les Chefs de section et les Chefs de district s'assureront, avant chaque hiver, que les Aiguilleurs, les Gardes et les Poseurs sont pourvus des outils qui viennent d'être indiqués et que ces outils sont en bon état. Ils feront compléter ceux manquants et remplacer ceux en mauvais état.

Art. 4.

Lorsque la neige commence à tomber, ou le verglas à se fixer sur les rails d'une manière inquiétante pour la circulation, soit de jour, soit de nuit, tous les Agents désignés ci-dessus doivent se rendre immédiatement sur leur canton, sans qu'il soit besoin de leur en donner l'ordre, emportant avec eux les outils dont ils ont besoin. Tous resteront à leur poste tant que durera le danger, et feront tous leurs efforts pour que les trains trouvent les voies nettoyées et sablées.

Ils devront dégager et nettoyer d'abord les aiguilles des changements et croisements de voie qui se trouvent sur leur canton, les entre-rails des passages à niveau et des ponts par-dessous, pour que les boudins des roues des wagons puissent y passer librement.

Ils dégageront et balaieront ensuite les rails des voies, en commençant par celle sur laquelle doit passer le premier train.

Le nettoyage des voies est répété dans la journée aussi souvent que cela est nécessaire, afin que tous les convois puissent circuler librement et les trouvent propres.

Après avoir balayé et dégagé les rails et assuré la circulation des trains, ils s'occuperont à relever la neige dans l'entre-voie ou sur les accotements à la rejeter; dans les fossés, les emprunts et sur les talus des remblais, afin qu'au premier rayon du soleil le peu de neige qui resterait à la surface du ballast puisse fondre facilement.

Pour que les cendriers des machines ne se remplissent pas de neige, on ne devra jamais la relever entre les deux rails d'une même voie. Les tas qu'on déposera sur les accotements ou dans l'entre-voie devront être à une distance suffisante des rails pour n'être atteints ni par les marche-pieds des voitures, ni par les bielles des machines à roues couplées.

Pour le verglas, on le concassera sur le rail, ou on saupoudrera le rail de sable, suivant que l'épaisseur de la glace sera plus ou moins forte.

Art. 5.

Lorsque pendant la nuit il sera tombé de la neige ou qu'il se sera formé du verglas, les Chefs de section et les Chefs de district devront prendre les premiers trains circulant sur leur section, afin d'examiner si les prescriptions ci-dessus ont été exactement remplies.

Ils signaleront dans leurs rapports les Agents dont les cantons ne seraient pas dégagés avant l'arrivée des trains.

Art. 6.

Les Chefs de section doivent, d'ailleurs, faire de fréquentes tournées, afin de s'assurer que tous les ordres sont bien exécutés.

En cas de besoin, ils feront aider les Aiguilleurs, les Gardes de jour et les Poseurs par les Gardes de nuit et même par des ouvriers supplémentaires, principalement sur les points où la neige s'accumulerait.

Ils se feront seconder par les Piqueurs de nuit et exigeront que ces Agents leur signalent les parties du chemin où la neige n'aurait pas été enlevée.

Dans le cas où la neige viendrait à tomber en grande quantité, les Chefs de section et les Chefs de district se rendront de suite auprès des maires des communes voisines du chemin de fer, pour requérir le secours de leurs habitants.

Art. 7.

Lorsqu'il y aura une forte épaisseur de neige, les Chefs de section pourront, après s'être concertés avec les Chefs de la station et du dépôt les plus voisins, faire allumer une ou plusieurs machines, les faire circuler sur les points où ce serait le plus utile, organiser des transports de travailleurs supplémentaires, et prendre toutes les mesures que les circonstances nécessiteront pour dégager les voies et assurer la marche des trains.

NAPOLÉON CHAIX ET Cie

ORDRE GÉNÉRAL

N° 16

RÉGLANT

LA MANŒUVRE ET L'ENTRETIEN DES PLAQUES TOURNANTES.

---

§ Ier.

MANŒUVRE ET ENTRETIEN PAR LES AGENTS DE L'EXPLOITATION.

ARTICLE PREMIER.

Les plaques tournantes des gares et stations sont balayées par des hommes d'équipe désignés par les Chefs de gare ou de station, sous leur surveillance et leur responsabilité.

ART. 2.

Le dessus de la plate-forme, ainsi que son pourtour, jusqu'à 2 mètres de la cuve, doivent être balayés tous les jours, de manière à empêcher les pierres, le sable, la terre, la paille, etc., de s'introduire à l'intérieur.

Dans les temps de neige, ce balayage a lieu plusieurs fois par jour.

ART. 3.

Les Chefs de gare et de station veillent à ce que la manœuvre des plaques tournantes soit faite avec toutes les précautions possibles. Ils doivent exercer les hommes d'équipe à faire cette manœuvre avec rapidité et avec soin, de manière à ne pas ralentir les manœuvres et, en même temps, à ne pas dégrader les plaques par des chocs brusques.

Lorsqu'on tourne une plaque, le valet doit toujours être levé : il ne doit être abaissé dans son entier que pour le faire pénétrer dans la chambre, après qu'on a eu soin de ralentir fortement le mouvement de rotation.

ART. 4.

Dans le cas où une plaque tournante fonctionne mal, comme dans le cas où il est reconnu quelques défauts ou détériorations dans ses diverses pièces, les Chefs de gare et de station doivent en donner immédiatement et directement avis à l'Inspecteur principal, et en même temps aux Chefs de section de la voie lorsqu'il y a urgence pour les réparations.

§ II.

INSPECTION ET ENTRETIEN PAR LES AGENTS DE LA VOIE.

Art. 5.

Le nettoyage à l'intérieur des cuves, le graissage et la réparation des plaques tournantes sont faits par les Agents de la voie, sous la surveillance et la responsabilité des Chefs de section et sous l'inspection des Ingénieurs Chefs de la voie.

Art. 6.

L'intérieur des cuves est visité et nettoyé au moins deux fois par mois ; les galets et le cercle sur lequel ils roulent sont essuyés avec le plus grand soin, de manière qu'il n'y reste ni sable, ni poussière, et que le roulement des galets puisse se faire le plus facilement possible. Les axes des galets et le pivot central de la plaque sont ensuite arrosés d'un peu d'huile.

Il est essentiel, de temps à autre, de soulever la plate-forme de la plaque pour nettoyer l'intérieur de la boîte du pivot central, de l'essuyer avec soin et de l'arroser d'huile.

Tous les boulons des plaques doivent être passés en revue et leurs écrous serrés, si cela est utile.

Ce travail demande à être fait avec beaucoup d'attention, en soulevant les plateaux de recouvrement, et en prenant toutes les précautions nécessaires pour ne pas nuire à la circulation des trains et aux manœuvres dans les gares.

Art. 7.

Les Chefs de district visitent, toutes les semaines, et les Chefs de section, tous les mois, les plaques tournantes de leur section. Ils signalent, dans leurs rapports, celles qui sont mal entretenues et qui ont besoin de réparations, celles qui ne sont pas propres et dont le balayage n'est pas régulièrement fait, celles qui ont éprouvé des avaries par suite de chocs ou de manque de précautions dans les manœuvres, en mentionnant la responsabilité de ces négligences; enfin ils examinent chaque plaque dans tous ses détails, pour s'assurer qu'elle est en bon état, bien réglée, et que la plate-forme mobile repose sur ses galets.

§ III.

PLAQUES DES DÉPOTS.

Art. 8.

Les plaques des dépôts sont nettoyées, graissées et entretenues par les Agents de la régie de traction sous la surveillance et la responsabilité des Chefs de dépôt, qui doivent s'adresser aux Chefs de section de la voie pour toutes les réparations à y faire.

NAPOLÉON CHAIX ET Cie

ORDRE GÉNÉRAL

N° 17

POUR

LA SURVEILLANCE, L'ENTRETIEN ET L'USAGE DU TÉLÉGRAPHE ÉLECTRIQUE.

---

§ Ier.

ATTRIBUTIONS.

Article premier.

Le service de la télégraphie électrique comprend :

1° La surveillance des fils et des poteaux qui les soutiennent.

2° La conservation et l'entretien de tous les appareils en service dans les gares et stations et dans les trains ;

3° L'usage et la manœuvre des appareils destinés à transmettre les dépêches.

Art. 2.

La surveillance des fils et des poteaux qui les soutiennent est placée dans les attributions du service de la voie.

Les Chefs de section, les Chefs de district et les Agents sous leurs ordres ont la surveillance et la garde des fils, des poteaux et de toutes les parties extérieures du télégraphe.

Art. 3.

L'entretien, la manœuvre et l'usage de tous les appareils en service dans les gares et stations et dans les trains sont placés dans les attributions du Chef de l'Exploitation.

Des Agents spéciaux, prenant le titre de Contrôleurs du télégraphe, sont chargés dans chaque Inspection, sous les ordres immédiats des Inspecteurs principaux de l'Exploitation, de la surveillance du service télégraphique, de la visite et de l'entretien des appareils fixes ou mobiles ; ils sont chargés aussi des instructions techniques à donner aux Employés et Stationnaires des postes télégraphiques ; ils ont autorité sur eux en ce qui concerne le service du télégraphe.

§ II.

SURVEILLANCE DES FILS ET DES POTEAUX.

Art. 4.

La surveillance des fils extérieurs dont les Chefs de section, Chefs de district et Agents placés sous leurs ordres sont spécialement chargés, consiste :

1° A empêcher qu'aucun objet flottant ne reste accroché aux fils ;

2° A veiller à ce qu'aucun objet susceptible de faire dévier les poteaux ne soit appuyé contre eux ;

3° A s'assurer constamment que les poteaux ne menacent pas de déverser et que le fil ne présente aucune solution de continuité, et, dans le cas où une solution de continuité serait reconnue, à relier provisoirement les bouts, suivant des instructions qui seront données spécialement à cet effet ;

4° A s'assurer pendant l'hiver, dans le passage des tranchées souterraines et ponts en dessus, que les fils ne se trouvent pas en communication entre eux ou avec les poteaux par des glaçons. Dans le cas où la formation de ces glaçons serait reconnue, on devrait en dégager immédiatement les fils.

Art. 5.

La surveillance des fils et des poteaux du télégraphe électrique forme une partie importante du service des Gardes-ligne ; toute négligence de leur part dans l'exécution de ce détail doit être sévèrement punie.

Art. 6.

Lorsqu'un fil est rompu, ou que, par un accident quelconque, la suspension à l'un des poteaux est arrachée, le Garde du canton sur lequel le fait se produit doit en donner immédiatement avis aux deux Gardes des cantons voisins, pour que cet avis soit transmis de Garde en Garde jusqu'aux stations entre lesquelles la transmission des signaux pourrait être interrompue. La station la plus rapprochée de la résidence du Chef de section prévient cet Employé, pour qu'il puisse pourvoir à la réparation de l'avarie. Tous les trains s'arrêtant aux stations averties doivent être informés de l'interruption du service, et les Chefs de station doivent s'assurer de la présence dans ces trains du Surveillant de l'Administration des lignes télégraphiques, afin de le prévenir spécialement de l'interruption de la communication et des causes qui l'ont déterminée.

Art. 7.

Dès que le Chef de section a fait rétablir la circulation, soit par une ligature provisoire, soit par une réparation définitive, il en avise *par exprès* la station la plus voisine, et celle-ci transmet par le télégraphe, dans les deux sens, l'avis que le service est réorganisé.

Art. 8.

La surveillance des fils ne doit, en aucun cas, s'étendre au delà des prescriptions ci-dessus ; il est expressément défendu aux Gardes d'apporter des modifications aux ligatures, appareils de suspension, etc. Ils doivent se contenter de signaler à leurs Chefs les points qui leur paraissent nécessiter des réparations.

§ III.

ENTRETIEN ET SURVEILLANCE DES APPAREILS INTÉRIEURS.

Art. 9.

Les appareils composant un poste télégraphique sont :

1° Une *pile,* pour produire l'électricité ;

2° Une ou plusieurs *boussoles,* suivant le nombre des postes avec lesquels le poste est en communication directe, pour constater le passage du courant ;

3° Un cadran *manipulateur,* pour envoyer les signaux ;

4° Un cadran *récepteur,* pour recevoir les signaux ;

5° Une ou plusieurs *sonneries,* suivant le nombre des postes avec lesquels le poste est en communication directe ;

6° Un *régulateur de pile,* pour régler le nombre d'éléments de la pile, proportionnellement à la distance à faire franchir directement par le courant ;

7° Un ou plusieurs *paratonnerres,* suivant le nombre des postes avec lesquels le poste est en communication directe, pour préserver l'appareil des perturbations que pourraient y apporter, en temps d'orage, l'électricité atmosphérique.

Art. 10.

La surveillance des appareils, leur mise en état, les soins que réclament la conservation, le nettoyage et la réparation de toutes leurs parties, sont sous la responsabilité directe des Contrôleurs du télégraphe.

Art. 11.

Les Contrôleurs sont personnellement chargés du montage et de l'établissement primitif des postes. Ils composent et chargent entièrement les piles, déterminent le nombre total des éléments qui doivent les former, et règlent leurs divisions en indiquant la place des *pinces serre-fils* communiquant au régulateur de pile.

Art. 12.

Les Contrôleurs du télégraphe sont seuls porteurs d'une clef ouvrant tous les appareils. Ils sont personnellement chargés de leur mise en état, de la réparation et de la visite de toutes leurs parties. Ils doivent visiter chaque appareil au moins une fois par semaine et assurer dans leurs tournées la stricte exécution des soins de détail prescrits ci-après aux Chefs de poste et Agents stationnaires.

Art. 13.

L'entretien courant des appareils est confié, sous la surveillance des Contrôleurs, aux Chefs de poste et Agents stationnaires, qui en demeurent responsables.

Cet entretien consiste dans la vérification journalière des différentes parties composant les piles, dans le remplacement de celles de ces parties qui sont hors de service, dans les soins à donner aux éléments pour l'alimentation et pour le renouvellement partiel ou général de ceux qui ne sont plus en état.

Les Chefs de poste et Agents stationnaires doivent, *chaque matin*, en prenant le service, examiner la pile et s'assurer qu'il n'y a aucune solution de continuité dans l'arrangement des zincs, dans leurs soudures ou dans les lames de cuivre qui plongent dans la dissolution de sulfate. Ils doivent rétablir ou changer, s'il y a lieu, les éléments qui ne sont pas convenablement disposés et ajouter dans les vases poreux l'eau nécessaire à l'alimentation de la pile.

Le niveau de l'eau doit être maintenu dans ces vases poreux à un centimètre environ du bord supérieur.

L'extérieur des grands vases de verre doit, ainsi que le fond de la boîte, être toujours parfaitement propre et parfaitement sec.

La dissolution doit être constamment maintenue à un degré convenable de *saturation*, c'est-à-dire d'un bleu un peu foncé, par l'addition dans les vases poreux d'une quantité suffisante de sulfate.

Le sulfate doit être ajouté par petites parties et seulement dans la proportion strictement nécessaire : quatre ou cinq morceaux gros comme des noisettes doivent suffire pour chaque élément. La méthode qui consiste à mettre une grande quantité de sulfate et peu d'eau est vicieuse ; elle consomme beaucoup de sel sans augmenter les forces du courant. On ne doit jamais voir dans les vases poreux que très-peu de sel non dissous.

L'eau ne doit pas s'élever dans les vases de verre à plus de

4 ou 5 centimètres du fond du vase. Lorsqu'elle dépasse cette hauteur, on doit avoir soin de l'y ramener, en pompant le surplus avec la *pompe-seringue*.

Quand, après trois ou quatre mois de service, une pile sera jugée en mauvais état par la saturation complète des vases et l'état d'oxydation des zincs, le Contrôleur fera démonter la pile par les Agents du poste eux-mêmes. Les vases de verre, les vases poreux et le fond intérieur de la boîte seront nettoyés par eux avec soin, et les zincs hors de service renouvelés, suivant l'indication du Contrôleur.

Art. 14.

Dès que les Chefs de poste ou Agents stationnaires s'aperçoivent d'un dérangement dans la marche de leur appareil, quand surtout le courant de la pile ne paraît pas être envoyé sur la ligne, ils doivent immédiatement vérifier avec la plus grande attention toutes les parties de leur pile, s'assurer que tous les boutons des pinces serre-fils sont bien serrés, qu'aucune solution de continuité n'existe dans les fils, etc., etc.

Après cette vérification, ils doivent, si le dérangement subsiste, prévenir immédiatement par écrit le Contrôleur du télégraphe, et en même temps l'Inspecteur principal.

Tout avis indirect est considéré comme nul et ne décharge pas la responsabilité des Chefs de poste ou Agents stationnaires.

Art. 15.

Les Chefs de poste et Agents stationnaires sont responsables de la propreté des appareils ou parties d'appareils qui restent à découvert.

Ils doivent chaque jour essuyer avec soin les parties métalliques, pour éviter tout obstacle au jeu de celles de ces parties qui sont mobiles et empêcher l'oxydation des parties fixes, veiller à ce qu'aucun objet ne séjourne sur les appareils et à ce que les fils qui s'y rattachent soient isolés du contact de tout corps étranger.

Les postes dont les piles ne seraient pas convenablement alimentées et les appareils découverts tenus dans un parfait état de propreté, seront signalés à l'Inspecteur principal par le Contrôleur du télégraphe.

Art. 16.

Excepté pour ce qui concerne les soins de détail ci-dessus spécifiés, les Chefs de poste et Agents stationnaires doivent s'abstenir complétement de toucher au mécanisme des appareils.

Il leur est formellement interdit: 1° de modifier le nombre d'éléments composant la pile entière et d'apporter aucun changement dans la position des *pinces serre-fils* des régulateurs établis par les Contrôleurs (art. 11); 2° d'enlever, sous aucun prétexte, les boîtes des *sonneries*, les globes des *boussoles* et le couvercle des

La correspondance télégraphique ne doit être employée que lorsqu'il y a un intérêt réel pour le service à s'affranchir des lenteurs inséparables des moyens ordinaires de correspondance.

ART. 22.

Il est formellement interdit de faire usage du télégraphe pour toute correspondance qui n'intéresserait pas le service de la Compagnie.

ART. 23.

Les Fonctionnaires et Employés de la Compagnie désignés au tableau ci-après sont seuls autorisés à correspondre par le télégraphe électrique.

A tous les postes du réseau.

Les Administrateurs de la Compagnie.
Le Directeur.
L'Ingénieur en chef.
Le Secrétaire général.
Le Chef de la comptabilité générale.
Le Chef de l'Exploitation.
Les Inspecteurs généraux.
Les Ingénieurs de la voie.
L'Ingénieur du matériel.
Le Sous-Ingénieur du matériel.
Les Inspecteurs principaux.
Le Régisseur de la traction et ses délégués.
L'Agent répartiteur du matériel.
Le Médecin principal de la Compagnie.
Tout Agent porteur d'un ordre écrit et spécial du Directeur.

A tous les postes de leur section.

Les Inspecteurs de l'Exploitation et du Mouvement.
Les Sous-Ingénieurs de la voie.
Les Inspecteurs de la voie.
Les Conducteurs principaux des travaux.
Les Chefs de section de la voie.
Les Inspecteurs du matériel.
Les Architectes de la Compagnie.
Les Agents commerciaux.
Les Chefs de traction.
Les Inspecteurs de la traction.
Les Médecins de la Compagnie.

Au poste de leur résidence ou mission.

Les Agents supérieurs de la Compagnie.
Les Chefs de bureau de l'Administration centrale.
Les Chefs de gare et de station ou l'Employé faisant fonctions.
Les Chefs de dépôt ou l'Employé faisant fonctions.
Les Contrôleurs du mouvement.
Les Vérificateurs de la comptabilité.
Les Contrôleurs du matériel.
Les Chefs de district de la voie.

ART. 24.

Les dépêches à expédier doivent toujours être remises au Chef de gare *par écrit,* sur des bulletins, dits *bulletins de transmission.* (Modèle, n° 263.)

ART. 25.

Les dépêches reçues par les Stationnaires à l'adresse d'un Fonctionnaire ou Employé de la Compagnie seront de même toujours remises sur un bulletin de transmission, par l'intermédiaire du Chef de gare.

ART. 26.

Dans les postes où résident à la fois un Employé supérieur et des Employés inférieurs du même service, également autorisés à faire usage de la correspondance télégraphique, les Employés inférieurs ne peuvent signer une dépêche à expédier qu'en l'absence de l'Employé supérieur, et en mentionnant cette absence sur le bulletin, qu'ils signent alors sous leur responsabilité.

ART. 27.

Conformément au traité passé entre l'État et la Compagnie pour l'établissement du télégraphe électrique, l'Administration des lignes télégraphiques est appelée à exercer, par ses Fonctionnaires et Agents, un contrôle sur l'usage que la Compagnie fait de ses appareils, dans l'intérêt de son service.

L'intervention de ces Fonctionnaires et Agents dans le service des postes de la Compagnie, est donc circonscrite dans *le contrôle des dépêches de la Compagnie* et les observations auxquelles ce contrôle donne lieu.

Ces Agents n'ont pas à intervenir autrement dans le service intérieur des postes.

Les Chefs de service et Employés de la Compagnie doivent donner tout leur concours aux Inspecteurs, aux Directeurs et autres Agents de l'Administration pour la bonne exécution du contrôle à exercer par l'État sur l'usage du télégraphe électrique par les Employés de la Compagnie.

ART. 28.

En dehors des conditions définies à l'art. 27 ci-dessus, la Compagnie conserve pour ses Employés la libre et complète disposition des appareils, ainsi que la distribution du service intérieur des postes, qui restent soumis aux règles de discipline, de police et de surveillance prescrites pour tous ses établissements.

ART. 29.

Des Stationnaires commissionnés par l'État sont établis dans les postes où l'importance du service nécessite cette mesure.

Ces Agents sont sous les ordres des Inspecteurs et Directeurs de l'Administration des lignes télégraphiques, pour le contrôle des dépêches de la Compagnie, conformément à l'art. 27 ci-dessus, et sous les ordres immédiats des Chefs de gare et des Contrôleurs du télégraphe, pour l'exécution des dispositions particulières du service de la Compagnie, en tout ce qui concerne le service télégraphique, telles que : heures de présence, durée du service, mode de transmission, etc., etc.

ART. 30.

Dans les postes désignés à l'art. 29 ci-dessus, aucun Agent de la Compagnie *ne peut faire usage du télégraphe sans l'intermédiaire des Stationnaires commissionnés par l'État*, et les ordres de transmission ne doivent être admis par les Stationnaires que sur le visa du Chef de la gare ou de l'Employé faisant fonctions, donné avec cette mention : *Bon pour ordre de transmission*.

§ V.

TRANSMISSION DES SIGNAUX.

ART. 31.

Quand l'appareil ne fonctionne pas, l'aiguille du *récepteur* et la manivelle du *manipulateur* doivent toujours être au point de repos, c'est-à-dire sur la *croix* placée en haut des cadrans.

Les *commutateurs* doivent être placés sur les sonneries, c'est-à-dire poussés sur les touches des sonneries marquées D, comme à la figure ci-après.

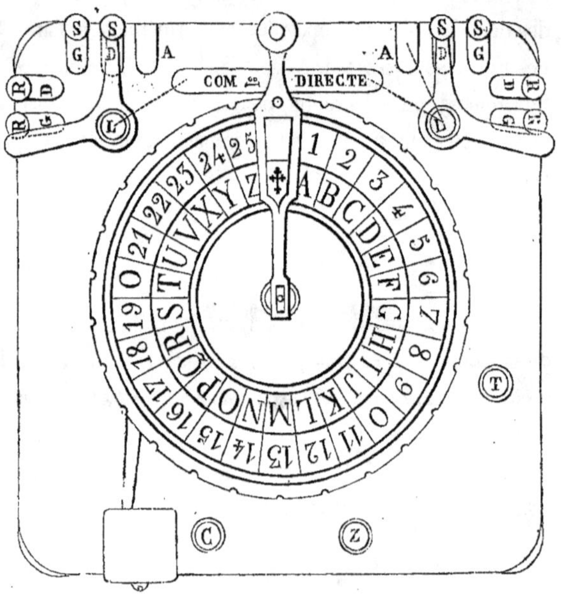

L'observation de cette prescription est essentielle pour assurer la bonne marche de l'appareil.

On doit veiller avec soin à ce que les commutateurs soient au milieu de la plaque de cuivre et n'aient aucun contact avec le bois.

Art. 32.

Lorsque le Stationnaire a à transmettre un signal, il doit :

1° Régler au moyen du *régulateur de pile* le nombre d'éléments à employer proportionnellement à la distance que le courant doit franchir *directement*, c'est-à-dire mettre, avant tout signal, la manette du régulateur de pile sur la touche qui porte le nom du poste que l'on veut attaquer (1) ;

2° Mettre en contact avec la plaque de cuivre marquée A celui des *commutateurs* qui correspond avec le poste auquel il veut parler, en s'abstenant surtout de toucher à l'autre *commutateur ;*

3° Faire faire à la manivelle du *manipulateur* un tour complet en examinant la *boussole*, pour s'assurer que l'aiguille aimantée est sensible au passage du courant.

Cette dernière opération ayant pour but unique de mettre en mouvement la sonnerie du poste interpellé, on doit, dès qu'elle est terminée, et jusqu'à ce que l'on ait reçu le signal de présence, remettre le *commutateur* sur la sonnerie (art. 31), afin d'attendre ce signal sans exposer le récepteur au passage d'un trop fort courant.

---

(1) Nota. La marche et la conservation des appareils dépendent essentiellement du bon emploi du *régulateur de pile.* C'est donc avec la plus rigoureuse attention que les Stationnaires doivent se conformer aux prescriptions qui règlent cet emploi.

Le régulateur de pile porte trois touches correspondant à trois divisions de la pile et déterminant le nombre d'éléments à employer suivant la distance que le courant doit franchir.

Chaque touche porte sur un secteur le nom des postes de la ligne à la distance desquels elle correspond.

Art. 33.

Le Stationnaire qui entend marcher une de ses sonneries doit immédiatement mettre le commutateur correspondant en contact avec la plaque A, et faire faire un tour entier à la manivelle de son *manipulateur*. Par cette opération, il met en mouvement l'aiguille du *récepteur* ou la sonnerie du poste qui l'a appelé, et le prévient qu'il est présent et prêt à recevoir les signaux.

La correspondance peut alors commencer.

Art. 34.

Les signaux préliminaires ou d'*avertissement* ont pour objet d'établir la solidarité entre le mouvement de la manivelle du *manipulateur* du poste qui attaque et le mouvement de *l'aiguille* du récepteur du poste interpellé, de sorte que *l'aiguille* répète exactement les signes sur lesquels on arrête successivement la *manivelle*.

Si on s'aperçoit que l'aiguille du récepteur ne marche pas régulièrement, c'est que l'appareil n'est pas réglé ; on demande alors au Stationnaire avec lequel on correspond, de tourner sa manivelle pendant une ou deux minutes par ce simple signal : *Tournez,* et on cherche pendant ce temps le point où l'aiguille du cadran de *réglage* doit être placée pour que l'aiguille du récepteur ait une marche normale.

Si l'aiguille du récepteur s'arrête de préférence sur les *chiffres impairs*, on doit *serrer* le ressort de la palette en tournant l'aiguille de *réglage* de manière à la faire aller successivement d'*un chiffre faible* à un chiffre plus fort. Par exemple, de 2 à 5, à 6, à 7, etc.

Si l'aiguille du récepteur s'arrête sur les *chiffres pairs*, on doit *desserrer* le ressort de la palette en tournant l'aiguille du cadran de *réglage*, de manière à la faire aller d'*un chiffre fort* à un chiffre faible. Par exemple, de 20 à 18, à 15, à 10, etc.

Si l'aiguille du récepteur *ne bouge pas*, quoiqu'on entende un léger bruit, on doit *desserrer* comme il vient d'être expliqué.

Art. 35.

La manivelle du manipulateur doit toujours être mise en mouvement de gauche à droite, à partir de la croix, en suivant la série ascendante des chiffres inscrits sur le cadran.

Il est expressément recommandé de la faire marcher lentement : une trop grande vitesse a de très-graves inconvénients pour la conservation de l'appareil, et ne présente aucun avantage pour la *bonne* et *prompte* transmission des dépêches.

Art. 36.

Si, dans l'échange des signaux préliminaires ou dans le cours de la transmission d'une dépêche, les signaux transmis sont inintelligibles, le Stationnaire qui reçoit fait faire à la manivelle de son manipulateur un tour de cadran et remet l'aiguille du récepteur au point de repos, c'est-à-dire sur la *croix*. De son côté, le Stationnaire qui parle, interrompu dans le cours de la transmission par un mouvement de l'aiguille de son récepteur, arrête la correspondance, met la manivelle au point de repos et attend pour continuer que l'avis lui en soit donné. Lorsque les appareils sont ainsi ramenés au point de repos, le poste qui a interrompu donne l'ordre de répéter toute la dépêche, s'il y a lieu, ou indique le dernier mot compris.

Art. 37.

Les dépêches télégraphiques peuvent être transmises de deux manières, soit en signalant successivement toutes les lettres composant les mots des phrases, c'est-à-dire par *épellation*, soit en se servant d'abréviations, c'est-à-dire de combinaisons de chiffres représentant des mots ou des phrases complètes, suivant le vocabulaire dressé à cet effet.

Les Chefs de poste apprécient, selon la nature des dépêches, lequel de ces deux systèmes doit être employé.

Art. 38.

Le mode de transmission qui est adopté doit être indiqué avant chaque dépêche par un signal d'*avertissement* spécial, savoir : un tour *entier* de l'aiguille, sans autre signal, signifie qu'on emploie le *vocabulaire ou tableaux chiffrés*. Dans ce cas, les arrêts de l'aiguille indiquent non les lettres, mais les chiffres inscrits sur le cadran. Les dépêches doivent alors être traduites d'après les tableaux chiffrés.

Deux tours *entiers* de l'aiguille signifient qu'on va parler au moyen de l'alphabet ordinaire.

Le passage d'un mode de transmission à l'autre et le retour à chaque ordre de signes doivent toujours être marqués par ces signaux d'*avertissement.*

Art. 39.

Des signaux particuliers doivent aussi clore chaque dépêche et exprimer l'accusé de réception, soit que l'on veuille indiquer qu'on attend une réponse, ou au contraire que la correspondance est terminée, soit qu'on veuille dire que la dépêche est bien comprise, ou qu'au contraire il est nécessaire de la répéter.

Les Stationnaires sont responsables des dépêches dont ils n'auraient pas exigé l'accusé de réception.

Si l'accusé de réception n'est pas exactement donné, on doit le réclamer et recommencer au besoin la dépêche jusqu'à *certitude* qu'elle est bien comprise.

Art. 40.

L'accusé de réception des dépêches qui peuvent donner lieu à équivoque, ou dont la transmission présente une importance particulière, doit être donné par la répétition *textuelle* de la dépêche, afin d'éviter toute fausse interprétation.

Art. 41.

Après chaque mot signalé, la manivelle doit être ramenée au point de repos, c'est-à-dire sur la croix.

Art. 42.

La transmission de toute dépêche doit, après les signaux d'*avertissement*, être invariablement précédée du nom de la station qui transmet, suivi du nom de la station où la dépêche est adressée. Elle doit être précédée, en outre, de l'adresse des Fonctionnaires ou Employés qui correspondent, et de l'heure précise de la transmission.

Ces signaux sont les signaux *indicatifs* de la dépêche.

Art. 43.

Lorsque les dépêches comprennent l'expression d'un nombre, ce nombre doit toujours être signalé *alphabétiquement*, c'est-à-dire *lettre par lettre*. Cette disposition est essentielle pour éviter des confusions qui pourraient avoir de graves conséquences.

Art. 44.

Le Stationnaire qui transmet doit faire passer ses signaux assez lentement pour que celui qui reçoit ait lui-même la possibilité de les transcrire.

La traduction d'une dépêche en signes abréviatifs, et réciproquement, ne doit *jamais*, soit pour la transmission, soit pour la réception, être faite sans que les signes soient préalablement mis *par écrit*.

ART. 45.

Si, pendant la transmission ou la réception d'une dépêche, on est attaqué par le poste avec lequel on est au repos, on doit donner à ce dernier le signal de l'*attente*. Si le poste, ainsi prévenu, fait savoir que la dépêche est *urgente*, on doit interrompre la dépêche que l'on transmet ou que l'on reçoit pour recevoir la dépêche annoncée *urgente*.

§ VI.

COMMUNICATION DIRECTE PAR L'ISOLEMENT DES POSTES INTERMÉDIAIRES.

ART. 46.

La correspondance entre deux postes qui ne se suivent pas immédiatement peut se faire, soit en relayant la dépêche à tous les postes intermédiaires : — *transmission de poste en poste ;* soit directement, au moyen de l'isolement des postes intermédiaires : — *communication directe.*

ART. 47.

La correspondance *directe* ne doit jamais, sauf exceptions spéciales, *réglées par ordre supérieur*, être demandée et établie entre deux postes séparés par un poste de Direction.

Les postes de Direction sont ceux des villes où résident des Directeurs des lignes télégraphiques de l'État.

Toutes les dépêches doivent s'arrêter à ces postes et y être relayées.

Art. 48.

Les postes télégraphiques des gares et stations où il est établi un dépôt de locomotives doivent également être maintenus en communication *permanente* et ne jamais isoler leurs appareils pour quelque prétexte que ce soit.

Art. 49.

Lorsqu'une dépêche est adressée *en direction,* on doit faire suivre les signaux indicatifs ordinaires, c'est-à-dire le nom du poste qui attaque et le nom du poste avec lequel on veut *se mettre en communication directe,* de l'ordre aux postes intermédiaires d'isoler leur appareil.

L'ordre ou la demande d'isolement doit toujours porter indication *de l'heure à laquelle le poste isolé devra se remettre en communication avec les postes voisins*.

L'*isolement* d'un appareil s'opère en plaçant les deux commutateurs sur la bande de cuivre qui porte les mots *communication directe,* ainsi que l'indique la figure ci-dessus, art. 31.

La *communication* avec les postes voisins se rétablit au moyen des dispositions prescrites à l'art. 31.

Art. 50.

Le Chef de poste intermédiaire qui reçoit les signaux d'*avertissement* et les signaux *indicatifs* d'une dépêche EN DIRECTION doit, avant d'isoler son appareil, donner l'accusé de réception de l'avis qu'il reçoit, et transmettre cet avis avec les signaux d'*avertissement* et les signaux *indicatifs* qu'il a reçus au poste qui le suit immédiatement. Et ainsi de station en station, jusqu'au poste pour lequel la dépêche est destinée.

Ces dispositions doivent toujours être prises avec la plus grande célérité.

Art. 51.

Il est expressément défendu aux Chefs de poste d'isoler leurs appareils sans que l'ordre leur en soit donné ou sans qu'ils en aient demandé et obtenu l'autorisation.

La communication avec les postes voisins doit toujours être rétablie à l'heure exacte indiquée pour limite de la durée de l'isolement.

Toutefois, avant de rétablir la communication *intermédiaire*, les postes isolés ont à consulter la boussole, afin de ne pas interrompre les dépêches qui n'auraient pu s'achever dans les limites du temps d'isolement d'abord indiqué. Si la boussole marque par ses oscillations que la transmission *en direction* continue, le poste isolé attendra que l'aiguille devienne immobile, à moins de circonstances exceptionnelles et d'*urgence* ne permettant aucune remise. (Art. 45.)

§ VII.

ENREGISTREMENT DES DÉPÊCHES.

ART. 52.

Toute dépêche, signal ou attaque quelconque reçus ou expédiés doivent être enregistrés par les Stationnaires.

Des registres spéciaux sont déposés à cet effet, dans chaque poste sous la responsabilité du Chef de gare. Ces registres doivent être constamment tenus à la disposition des Agents de l'État pour être visés et contrôlés par eux. Cette communication devra être donnée sur place, les registres ne devant en aucun cas être transportés hors du poste dans lequel ils sont déposés.

ART. 53.

Les signaux sont inscrits dans l'ordre de leur réception ou de leur transmission, et sont numérotés dans cet ordre de *minuit* à *minuit*, la série des numéros recommençant chaque jour dans chaque poste.

On doit inscrire pour chaque signal, avec la date, *les heures et minutes* indiquant l'heure du *commencement* de la transmission ou de la réception, et l'heure de l'*accusé de réception* (art. 39) donné dans le poste et par le poste correspondant.

Chaque heure doit être accompagnée des mots *soir* ou *matin*, selon qu'il y a lieu.

Pour chaque dépêche on indiquera si la transmission a eu lieu en chiffres ou alphabétiquement.

ON NE DOIT JAMAIS TRADUIRE LES DÉPÊCHES CHIFFRÉES SANS LES TRANSCRIRE PRÉALABLEMENT; LA MÉTHODE CONTRAIRE EXPOSE A DE GRAVES ERREURS.

ART. 54.

La copie textuelle et détaillée de la correspondance échangée pendant la journée est faite dans chaque poste sur des feuilles détachées du même modèle que les registres (modèle 262) intitulées : *État des dépêches transmises et reçues*; ces feuilles sont visées par le Chef de poste et transmises à l'Inspecteur principal avec le rapport journalier pour être adressés au Chef de l'Exploitation.

§ VIII.

PRÉCAUTIONS A PRENDRE EN CAS D'ORAGE. — MANŒUVRE DES PARATONNERRES.

ART. 55.

La figure ci-après représente les paratonnerres dans leur position ordinaire, les commutateurs en contact avec les touches de ligne marquées L.

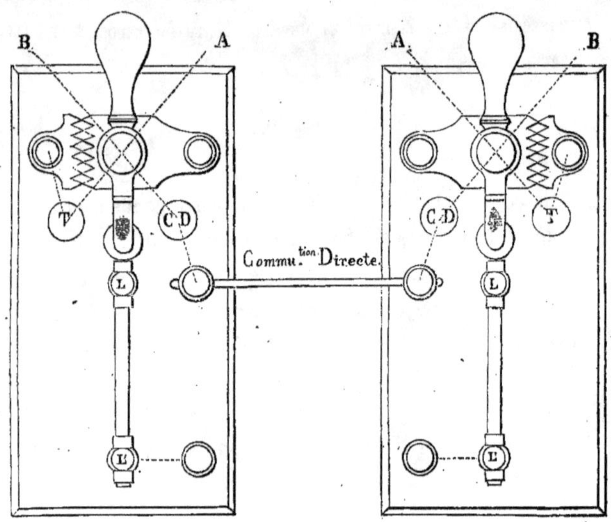

La manœuvre des commutateurs n'a lieu que dans les cas rares et exceptionnnels mentionnés ci-dessous :

Lorsque le temps est à l'orage, les Stationnaires des postes de Paris — Ivry — dépôt d'Ivry — Juvisy — Corbeil — Saint-Michel — Étampes — Toury — Orléans — Lamotte — Vierzon — Châteauroux — Argenton — Bourges — le Guétin — Nevers — Moulins — Beaugency — Blois — Tours —

Saumur — Angers — Ancenis — Nantes — les Ormes — Chatellerault — Poitiers — Ruffec — Angoulême — Chalais — Libourne — Bordeaux, et de tous les postes où il serait établi un dépôt de machines, doivent mettre les commutateurs en contact avec les touches de terre marquées T. (La ligne ponctuée AT représente cette position.) *Tous les autres postes* doivent se mettre en communication directe *sur les paratonnerres*, en poussant *les deux commutateurs sur les deux touches marquées* CD. (La ligne BCD indique cette position.) Dans aucun cas, les commutateurs ne doivent être sur bois.

Art. 56.

Le contact des commutateurs avec les touches marquées T ayant pour but de laisser une issue directe au courant par le fil de terre, les appareils placés dans cette position sont isolés de toute communication et interrompent toute transmission. Il est donc essentiel, avant de prendre cette mesure, que les Stationnaires en donnent avis aux deux postes entre lesquels ils sont placés. Il doit en être de même pour les postes intermédiaires, qui ont à se mettre simplement en communication directe, *ainsi qu'il a été expliqué à l'art. 55 ci-dessus.*

Les Stationnaires obligés de s'isoler momentanément doivent en faire mention au registre et aux feuilles de transcription, ainsi qu'au rapport journalier, en indiquant la durée exacte de l'isolement.

ATR. 57.

Dans *tous les postes,* lorsqu'un dérangement quelconque empêche l'envoi ou la réception de la dépêche dans *les deux directions,* la communication directe doit être établie *sur les paratonnerres.*

ART. 58.

Si, dans un poste surpris par l'orage, avant d'avoir exécuté les précédentes prescriptions, la communication se trouve subitement interrompue et que la boussole paraisse insensible, *il y a présomption de la rupture du petit fil renfermé dans le tube de protection.* Le Chef de poste doit alors mettre un tube de rechange, ou, à défaut de tube, le remplacer par un gros clou, une tige de métal, un fil de fer, etc., etc., de manière à établir une communication métallique entre les deux bornes marquées L et L' sur la figure ci-dessus, art. 55.

§ IX.

SIGNAUX D'ESSAI ET D'EXERCICE.

ART. 59.

Lorsque les Contrôleurs du télégraphe auront à transmettre des signaux d'*essai* pour régler ou vérifier les appareils, et lorsque, en l'absence de toute transmission plus nécessaire, les Chefs de poste ou les Stationnaires pourront correspondre *pour exercice*, la série de signaux à échanger dans ce but devra être précédée d'un avis spécial.

Ces signaux, lorsqu'ils seront faits par les Contrôleurs du télégraphe, seront, comme des signaux de service, obligatoires pour les Stationnaires, qui devront les recevoir et y répondre.

ART. 60.

Les signaux pour *essai* ou *exercice* doivent toujours se faire avec des mots et des phrases ne pouvant donner lieu à aucune fausse interprétation. Ainsi, on pourra demander *si la voie est libre, si le train est parti en bon état*, etc., etc.; mais on ne devra jamais transmettre aucun ordre ou aucun avis de nature à provoquer l'inquiétude ou à nécessiter quelque mesure de service, tels que accidents, mouvements de machine, arrêts de train, demandes ou envois de matériel, etc.

ART. 61.

L'accusé de réception des signaux d'*essai* ou d'*exercice* sera toujours donné par la répétition textuelle de ces mêmes signaux.

§ X.

APPAREILS PORTATIFS POUR LES TRAINS EN MARCHE.

ART. 62.

Des appareils *portatifs* disposés de manière à établir la communication électrique avec le fil sur un point quelconque de la ligne (figure ci-après), seront, lorsqu'il y aura lieu, déposés dans le fourgon à bagages des trains.

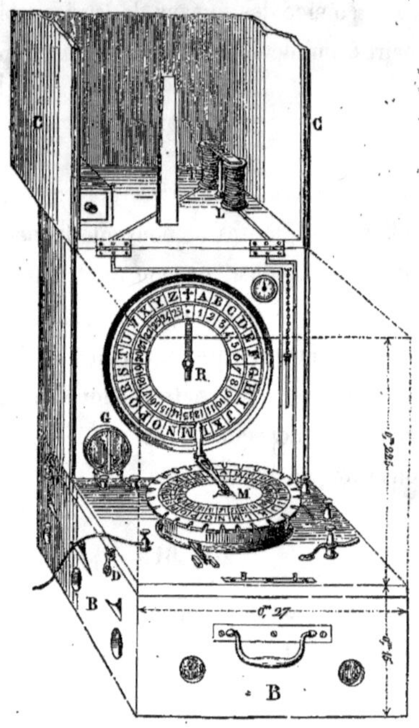

ART. 63.

Chaque Chef de train prend charge de l'appareil qui lui est remis, ainsi que de la canne et des accessoires, et reste responsable de l'entretien de la pile et du bon état de l'appareil.

Art. 64.

Tous les Conducteurs se familiariseront avec l'emploi de l'appareil portatif par des exercices qu'ils sont tenus de faire à l'arrivée de chaque train, sous la surveillance et la direction du Chef de gare. Ces exercices seront faits sur le fil de la ligne même. Ils seront constatés par un procès-verbal certifié par le Chef de gare, qui sera transmis à l'Inspecteur principal avec le rapport journalier pour être adressé au Chef de l'Exploitation.

Art. 65.

Pour établir la correspondance à l'aide de l'appareil portatif, il faut : 1° Prendre le fil de la bobine L, dénuder l'extrémité de ce fil du coton qui le recouvre, l'attacher fortement au crochet de la canne, et suspendre, par ce même crochet, la canne au fil de la ligne; 2° prendre ensuite le fil de la bobine T, en dénuder également l'extrémité, l'attacher au coin en fer qui se trouve dans le petit tiroir de la boîte et le bien fixer entre le joint de deux rails.

Art. 66.

Dès que ces préparatifs sont terminés, le Chef de train peut commencer la correspondance, et les dépêches transmises parviennent en même temps aux deux postes télégraphiques entre lesquels le train est arrêté.

Art. 67.

Avant de transmettre aucun signal, le Chef de train doit s'assurer si, au moment où il se dispose à correspondre, les deux stations entre lesquelles le train est arrêté n'échangent pas elles-mêmes une dépêche.

Il suffit pour cela d'examiner le cadran récepteur de l'appareil portatif, dans lequel, dès que la communication est établie, viennent se répéter tous les signes transmis par l'un ou l'autre des postes avec lesquels on correspond.

Si l'aiguille de ce cadran reste immobile, c'est qu'aucun courant ne passe dans le fil; le moment est donc favorable et l'appareil portatif peut immédiatement fonctionner.

Si, au contraire, le récepteur de l'appareil portatif indique le passage d'une correspondance, le Chef de train doit attendre quelque intermittence ou un temps de repos et en profiter pour transmettre immédiatement *son signal d'avertissement spécial.* Les deux postes interrompus dans leur transmission doivent alors s'arrêter et attendre les signaux du train en détresse.

Le réglage des appareils mobiles se fait de la même manière que le réglage des appareils des stations (art. 34).

Art. 68.

Le signal d'avertissement spécial des trains en détresse se donne par deux tours entiers du cadran AVEC ARRÊTS SUR LES POINTS DE ZÉRO : + 0. 0. +. 0. 0. +.

DÈS QU'UN POSTE TÉLÉGRAPHIQUE REÇOIT CE SIGNE, IL DOIT INTERROMPRE TOUTE AUTRE TRANSMISSION ET PRÊTER SON ATTENTION AUX SIGNAUX DU TRAIN EN DÉTRESSE.

Art. 69.

La transmission des signaux d'un train arrêté se fait TOUJOURS ALPHABÉTIQUEMENT, conformément aux règles prescrites par le présent Ordre pour les postes ordinaires (§ 5, art. 32, 33, 34, 35, 36, 37, 38, 40, 41, 42, 43, 44), *en indiquant bien clairement le nom du poste auquel s'adresse le signal.*

L'accusé de réception des dépêches transmises par les appareils portatifs doit toujours se donner par la répétition textuelle de ces mêmes dépêches.

Art. 70.

Pour éviter toute confusion dans l'échange des signaux entre l'appareil portatif et les deux postes qui reçoivent en même temps les dépêches partant d'un train arrêté, un seul de ces postes doit répondre. *C'est invariablement le poste auquel s'adresse le train en détresse.*

§ XI.

USAGE DES APPAREILS DE LA COMPAGNIE POUR LE SERVICE DE L'ÉTAT.

Art. 71.

Conformément au traité passé entre l'État et la Compagnie pour l'établissement du télégraphe électrique, l'Administration des lignes télégraphiques peut, en cas d'interruption des fils de l'État, requérir momentanément la transmission de ses dépêches par les fils et au moyen des appareils de la Compagnie.

ART. 72.

Pendant la durée des réparations des fils de l'État, la priorité de la transmission par les fils de la Compagnie appartient aux dépêches de l'État. Mais, dans ces cas rares et tout à fait exceptionnels, l'Administration doit prendre toutes les précautions nécessaires pour sauvegarder le service de transmission de la Compagnie.

ART. 73.

Lorsque, conformément aux dispositions définies aux art. 71 et 72 ci-dessus, l'Administration réclame pour le service de l'État l'usage momentané des appareils de la Compagnie, les Agents chargés d'assurer ce service doivent préalablement remettre au Chef de gare du poste télégraphique, où ils demandent la transmission, une réquisition ainsi formulée :

La communication télégraphique étant interrompue, le Directeur du télégraphe prie le Chef de la gare d________ de mettre momentanément les fils de la Compagnie au service de l'État, suivant l'art. 12 *de la convention du* 11 *mars* 1850.

Art. 74.

Les Chefs de poste et Agents stationnaires de la Compagnie doivent en toute circonstance assurer la transmission des dépêches relatives au service télégraphique dont l'envoi serait demandé par un Inspecteur de l'Administration des lignes télégraphiques voyageant en service.

Art. 75.

Les Chefs de station où il est établi des postes télégraphiques doivent, de même, prêter leur concours aux autorités locales, lorsqu'elles requièrent *par écrit* la transmission de dépêches intéressant le service public.

Dans les postes de Direction, les dépêches de la nature de celles qui viennent d'être indiquées ne doivent cependant être transmises que sur la réquisition du Directeur du télégraphe lui-même.

Dans les postes des localités où ne résident pas de Directeurs des lignes télégraphiques, les Chefs de station peuvent transmettre des dépêches sur la réquisition des autorités compétentes. Mais si les dépêches sont en destination d'une localité où il est établi un Directeur, les dépêches doivent être adressées au Directeur lui-même, pour être transmises par ses soins aux autorités qu'elles intéressent.

§ XII.

FACULTÉ OFFERTE AUX VOYAGEURS D'USER DES APPAREILS DE LA COMPAGNIE AUX CONDITIONS ET SUIVANT LE TARIF DÉTERMINÉ PAR LA LOI SUR LA CORRESPONDANCE PRIVÉE.

Art. 76.

Par convention spéciale entre la Compagnie et l'Administration des lignes télégraphiques, les voyageurs peuvent être admis à faire usage des appareils de la Compagnie pour la transmission des correspondances *privées*, aux conditions de tarif déterminées par la loi.

Art. 77.

Sont classées dans la catégorie des dépêches privées, soumises aux conditions de tarif déterminées par la loi, toutes les dépêches DONT LA SUPPRESSION NE PEUT ENGAGER LA RESPONSABILITÉ DE LA COMPAGNIE OU CAUSER UN DOMMAGE QUELCONQUE A SES INTÉRÊTS.

Art. 78.

Les dépêches privées dont les voyageurs réclament la transmission à leurs frais, par les appareils de la Compagnie, doivent toujours passer par l'intermédiaire d'un Stationnaire commissionné par l'État. Elles ne peuvent, par conséquent, jusqu'à dispositions contraires, être expédiées que des postes désignés à l'art. 29 ci-dessus, ou en destination de ces postes.

La transmission de ces dépêches reste, d'ailleurs, soumise d'une manière absolue aux convenances du service de la Compagnie ; elles ne peuvent en aucun cas être remises directement par les voyageurs aux Stationnaires de l'État et doivent être, comme toute autre transmission, préalablement revêtues du *visa* du Chef de gare.

NAPOLÉON CHAIX ET Cie

ORDRE GÉNÉRAL

N° 18

RÉGLANT LE

SERVICE DES HOMMES D'ÉQUIPE DANS LES GARES ET STATIONS.

ARTICLE PREMIER.

Aucun ouvrier ou homme d'équipe ne doit être employé dans les gares et stations s'il n'est porteur d'un livret.

Les livrets doivent être déposés au bureau des Inspecteurs principaux.

ART. 2.

Les hommes d'équipe sont engagés et payés à la journée. Leur nombre est subordonné, dans chaque gare ou station, aux besoins du service et à l'activité du mouvement des voyageurs ou du trafic des marchandises.

Art. 3.

Les hommes d'équipe sont choisis par les Chefs de gare, sous la surveillance des Inspecteurs principaux et des Inspecteurs de la ligne.

Art. 4.

Lorsque, par suite de diminution d'ouvrage, il y a lieu de congédier un ou plusieurs hommes d'équipe, les Chefs de gare peuvent arrêter et payer sur reçu le compte des hommes à congédier, en mentionnant au rapport journalier le nom des hommes et les motifs du congé.

Art. 5.

Les hommes d'équipe reçoivent gratuitement, en cas de blessures ou de maladies résultant du service, les soins du médecin de la Compagnie. Tout ou partie de leur solde peut leur être conservée par décision du Chef de l'Exploitation, suivant la nature et la gravité de la maladie qui détermine l'incapacité de travail.

Art. 6.

Une permission d'un jour peut être accordée chaque mois, sans retenue de solde, aux hommes d'équipe qui en font la demande. Cette permission doit être refusée par le Chef de gare en cas de mauvais service et comme punition. Le roulement de tour de congé est réglé par le Chef de gare et affiché dans la gare ou dans la station. Il ne peut y être dérogé sans une autorisation spéciale du Chef de gare.

Art. 7.

Toute absence non motivée est notée par le Chef de gare ou de station, et donne lieu à une retenue de solde. Toute maladie non constatée par la présentation du bulletin de santé doit être considérée comme absence illégale.

Art. 8.

La liste des absents, des permissionnaires, des malades nouveaux et des malades anciens est dressée chaque jour par le Chef de gare, qui la porte au rapport journalier et la fait afficher dans la gare.

Art. 9.

Le présent Ordre sera affiché en permanence dans les gares et dans les corps de garde.

Art. 10.

Les Inspecteurs principaux de l'Exploitation, les Chefs de gare et de station sont chargés, chacun en ce qui le concerne, d'assurer la stricte exécution de ces dispositions.

NAPOLÉON CHAIX ET Cie

ORDRE GÉNÉRAL

N° 19

POUR LE RÈGLEMENT

DES FRAIS DE TRANSPORT DES MARCHANDISES EN SOUFFRANCE

ET DES TITRES LITIGIEUX.

---

§ 1er.

MARCHANDISES EN SOUFFRANCE.

Toute marchandise qui n'est pas livrée dans les huit jours de son arrivée en gare, quelle que soit, d'ailleurs, la cause de non-livraison, est *en souffrance*. Elle est conservée soigneusement en gare avec le titre qui l'accompagne, jusqu'au moment de sa livraison.

Les colis en souffrance doivent être déposés dans un emplacement spécial, complétement isolé des autres marchandises, et pourvus d'étiquettes conformes au modèle imprimé, avec toutes les indications exactement remplies.

La visite de ces colis doit se faire de temps en temps, afin de prendre les mesures nécessaires pour assurer leur bonne conservation en magasin.

S'ils réclament des soins particuliers qu'il soit impossible de leur donner, ou si par leur nature, ils sont susceptibles de s'avarier dans un court délai, les Chefs de gare et de station en font la vente au mieux des intérêts de qui de droit.

Il est dressé procès-verbal de cette vente, dont le produit est versé aux *recettes à différents titres,* avec note explicative pour faciliter le remboursement au propriétaire.

Les marchandises en souffrance sont enregistrées, jour par jour, sur un livre spécial dit *Livre d'entrée des marchandises en souffrance.*

Sont compris sous la dénomination de marchandises en souffrance, les colis arrivés en trop, bien qu'ils ne soient pas accompagnés de lettres de voiture et qu'ils ne soient l'objet d'aucune mention sur la feuille de route. Ils doivent, en conséquence, figurer sur les livres des marchandises en souffrance, si leur réexpédition n'est ni faite ni réclamée dans les huit jours qui suivent leur arrivée. Seulement, on met en regard de leur désignation, dans les colonnes des taxes, *Mémoire.* Il en est de même pour les colis en souffrance expédiés en port payé.

Lorsque, après un délai plus ou moins long, les Chefs de gare et de station sont parvenus à effectuer la livraison des marchandises en souffrance, ils les enregistrent, jour par jour et au fur et à mesure des livraisons, sur un livre spécial dit *Livre de sortie des marchandises en souffrance.*

L'état des marchandises en souffrance de la journée est mentionné tous les jours au rapport des gares et stations avec l'état des colis arrivés en moins et des colis arrivés en trop.

A la fin de chaque mois, les gares et stations adressent à l'Inspecteur principal, pour être transmise au Chef de l'Exploitation (vérification générale de la comptabilité), la balance détaillée de leurs livres d'entrée et de sortie des marchandises en souffrance.

§ II.

TITRES NON ENCAISSÉS.

Tous les titres ou lettres de voiture non encaissés dans les huit jours de leur arrivée, lorsque les gares n'ont pas, d'ailleurs, en leur possession, les marchandises qu'ils accompagnent, soit qu'elles ne soient pas arrivées ou qu'elles aient été livrées sans le paiement des titres, sont enregistrés jour par jour sur un livre spécial dit *Livre d'entrée des lettres de voiture impayées.*

La livraison de la marchandise, sans le paiement du titre qui l'accompagne, doit être une exception qui est toujours faite sous la responsabilité de l'agent qui y consent. Si les Chefs de gare et de station accordent cette facilité à des clients ordinaires du chemin de fer dont le crédit est bien établi, ils doivent avoir soin, pour prévenir toute difficulté ultérieure, de faire constater au dos du titre, au moment de la livraison, que les colis sont parvenus en bon état.

Les lettres de voiture qui ne doivent pas être payées à la livraison, parce que les destinataires sont en compte-courant avec la Compagnie, ne sont pas portées sur le livre d'entrée des lettres de voiture impayées ; elles sont versées journellement par les gares à leur crédit.

Lorsque les Chefs de gare et de station ont encaissé les titres portés au livre d'entrée ci-dessus désigné, ils les enregistrent, jour par jour et au fur et à mesure de leur encaissement, sur un livre spécial dit *Livre de sortie des lettres de voiture impayées.*

La balance détaillée des livres d'entrée et de sortie des lettres de voiture impayées est adressée, à la fin de chaque mois, à l'Inspecteur principal, pour être transmise au Chef de l'Exploitation (vérification générale de la comptabilité).

§ III.

RÈGLEMENTS LITIGIEUX.

Les titres des marchandises en souffrance et les titres non encaissés restent au débit des gares jusqu'au moment de leur règlement définitif ou de leur versement en litige, sur un ordre de l'Inspecteur principal ou de l'Administration centrale.

Le règlement des litiges est préparé par les gares et stations, chargées de faire toutes les démarches nécessaires auprès des destinataires, des gares expéditrices et des expéditeurs, par l'intermédiaire des gares expéditrices. Lorsque les stations chargées de la livraison se sont suffisamment éclairées par ces démarches, si elles jugent qu'il faut transiger, elles discutent avec le destinataire et conviennent avec lui, sauf ratification, de l'indemnité à lui payer ou de la retenue qu'il a à exercer. L'affaire étant en cet état, elles portent de suite à leur rapport leurs propositions, en y joignant un duplicata du titre, le billet de retenue préparé, le sommaire de la correspondance échangée et toutes les autres explications nécessaires pour en faciliter l'appréciation. La station reçoit l'autorisation de transiger ou des instructions pour la nouvelle direction à donner à l'affaire.

Néanmoins, si la somme à payer ne dépasse pas 5 francs, la station peut prendre sur elle et sous sa responsabilité de transiger immédiatement. Cette limite peut être portée à 100 fr. par le Chef de l'Exploitation, dans les gares où il lui paraît utile de faire cette exception.

Lorsque les gares et stations sont embarrassées sur la suite à donner à une affaire, soit qu'elles trouvent chez les destinataires une mauvaise volonté qu'elles ne peuvent vaincre, soit que, par une cause quelconque, elles soient impuissantes à arriver à une solution, elles demandent sur leur rapport l'autorisation de verser l'affaire en litige en faisant son historique.

Le bureau commercial dresse tous les jours un état détaillé des billets de retenue versés en litige par les gares et stations. Cet état est remis au Chef de l'Exploitation, accompagné des observations de l'Inspecteur général des affaires commerciales.

Le tableau suivant indique les causes les plus ordinaires du refus des marchandises ou du paiement des lettres de voiture, et les mesures à prendre, dans les divers cas, par les gares et stations destinataires.

1° *Manquant de colis.*	Avertir la gare expéditrice et les gares vers lesquelles il est supposable que le colis a été dirigé, consiguer le manquant au rapport et attendre des ordres pour préparer la transaction.
2° *Avarie apparente.*	La constater contradictoirement avec le destinataire et l'évaluer avec lui. En cas de désaccord, recourir à une expertise.
3° *Avarie intérieure.*	Constater, contradictoirement avec le destinataire, l'état du conditionnement extérieur. S'il est bon, le faire reconnaître au dos de la lettre de voiture et repousser la responsabilité. S'il est mauvais, opérer comme dans le cas d'une avarie apparente.
4° *Manquant de poids.*	S'il y a manquant de poids ou coulage, retrancher du manquant réel le montant dû à la route, eu égard à la nature de la marchandise, et proposer au destinataire de lui tenir compte de la différence. Mentionner au projet de transaction le manquant réel et celui dont on tient compte. Si, de l'inspection des colis, il résulte que le manquant de poids ne peut tenir qu'à une erreur commise sur la lettre de voiture ou la note de remise, encaisser sous déduction des frais de transport du poids trouvé en moins.
5° *Élévation du remboursement et des débours.*	Demander des explications à la gare expéditrice, et par l'intermédiaire de celle-ci à l'expéditeur ; si l'affaire ne s'arrange pas, demander des instructions.

6° *Élévation du prix de transport.*	Après vérification des taxes et explications données au destinataire, aviser l'expéditeur par l'intermédiaire de la gare expéditrice ; si l'affaire ne s'arrange pas, demander des instructions.
7° *Retard dans l'envoi.*	Aviser l'expéditeur par l'intermédiaire de la gare expéditrice, et, si l'affaire ne s'arrange pas, demander des instructions.
8° *Retard dans la livraison.*	N'accepter de lettres de voiture qu'autant que les délais sont suffisants ; si néanmoins, par une faute quelconque, on ne livre pas dans les délais et qu'il soit impossible d'obtenir de l'expéditeur, par l'intermédiaire de la gare expéditrice, qu'il les prolonge, encaisser sous retenue du tiers.
9° *Insuffisance dans les prix.* 10° *Insuffisance dans les délais pour la réexpédition.*	Aviser la gare expéditrice qui a commis l'erreur, en réclamant au besoin le montant de l'insuffisance. Réexpédier immédiatement et sans attendre la réponse, en donnant garantie au cessionnaire.
11° *Le destinataire n'a point demandé les marchandises.* 12° *Les marchandises envoyées ne sont point conformes à la demande.*	Aviser l'expéditeur par l'intermédiaire de la gare expéditrice, et, s'il ne s'arrange pas avec le destinataire, dans le délai d'un mois, demander des instructions.

13° *Le destinataire est inconnu.*	Aviser l'expéditeur par l'intermédiaire de la gare expéditrice et suivre ses instructions pour la destination à donner à la marchandise. Demander des instructions si l'expéditeur réclame le retour gratuit, ce qui n'empêche pas de faire immédiatement la réexpédition en taxant.
14° *Refus de colis ou de paiement sans motifs.*	Aviser l'expéditeur par l'intermédiaire de la gare expéditrice, et, si l'affaire ne s'arrange pas, demander des instructions.
15° *Fausse direction de colis.*	Aviser la gare expéditrice, signaler le fait au rapport et en même temps renvoyer le colis à sa destination réelle, si elle est connue par une étiquette.
16° *Manquant de déclaration de douane ou d'acquit-à-caution.*	Les demander à la gare expéditrice; si les pièces sont égarées en route, tâcher d'obtenir un sursis des employés de la régie et réclamer des duplicata à la gare expéditrice.
17° *Le destinataire n'a pas l'argent nécessaire pour payer la lettre de voiture.*	Aviser l'expéditeur par l'intermédiaire de la gare expéditrice, et, si la livraison est différée de plus d'un mois, demander des instructions.
18° *Obligation par l'expéditeur de payer le port.*	Aviser l'expéditeur par l'intermédiaire de la gare expéditrice, et, s'il ne s'arrange pas avec le destinataire, demander des instructions.

Pour toutes les difficultés de livraison qui peuvent se présenter et qui ne sont pas comprises dans le tableau qui précède, les Chefs de gare et de station doivent agir par analogie avec les cas prévus ci-dessus, et consulter le Guide commercial des Gares et Stations, par M. Petit de Coupray, Inspecteur général des affaires commerciales.

Dans le but de diminuer les difficultés au moment de la livraison, il est expressément recommandé aux gares et stations :

1° De ne jamais accepter de lettres de voiture payables à retour ;

2° De n'admettre que 0 fr. 40 c. pour valeur du papier et du timbre de la lettre de voiture ;

3° De consigner exactement sur les lettres de voiture *le détail* des débours, détail qui doit toujours être exigé de l'expéditeur par la gare expéditrice ;

4° De faire suivre sur les feuilles de route les réserves qu'elles ont prises au départ de chaque expédition.

§ IV.

COMPTABILITÉ.

Les gares et stations se débitent sur le *Livre de débit* de toutes les réceptions en *port dû* sans exception ; elles y transcrivent, en outre, les réceptions en *port payé*, mais sans se débiter de l'importance de la taxe, laquelle ne figure que *pour mémoire* dans la colonne des observations.

Le Livre de débit porte le nom de *Livre de débit général*.

Ce Livre est crédité par le débit de trois autres Livres auxiliaires appelés :

Le 1er, *Livre des encaissements et des comptes-courants* (*Livre de crédit*) ;

Le 2e, *Livre des marchandises en souffrance ;*

Le 3e, *Livre des lettres de voiture impayées.*

Sur le Livre des encaissements et des comptes-courants figurent toutes les lettres de voiture encaissées en numéraire ou versées en compte-courant, avec mention de l'une ou l'autre de ces conditions en marge de chaque article.

Ce Livre a un numéro d'ordre qui est reporté au Livre de débit général, à l'article correspondant, et réciproquement, avec mention sur ce dernier Livre du mot *numéraire* ou *compte-courant*, selon qu'il y a lieu.

Cette opération, appelée émargement, est faite chaque jour.

Le montant total des lettres de voiture transportées à ce Livre auxiliaire pendant la journée comptable, est reporté au Livre de débit général comme *premier élément de crédit*.

Sur le Livre des Marchandises en souffrance sont consignées toutes les lettres de voiture dont les marchandises n'ont pas été livrées pour une cause quelconque, dans les *huit jours* au plus tard de la date de leur arrivée en gare.

Ce Livre a un numéro d'ordre qui est reporté au Livre de débit général, à l'article correspondant, et réciproquement, avec mention sur ce dernier Livre du titre : *Marchandises en souffrance.*

Ce deuxième Livre auxiliaire se compose d'une entrée et d'une sortie.

A l'entrée, sont transcrites les lettres de voiture dont il vient d'être parlé, au fur et à mesure de leur sortie du Livre de débit général.

Le montant total des lettres de voiture transportées à *l'entrée* de ce Livre, pendant la journée comptable, est reporté au Livre de débit général comme *deuxième élément de crédit.*

A la sortie, figurent les lettres de voiture liquidées pendant la journée, soit par espèces, soit par billets de retenue, avec indication des conditions de règlement, en regard de chaque article.

La sortie a également son numéro d'ordre, qui est reporté au Livre d'entrée, à l'article correspondant, et réciproquement.

Le montant total des lettres de voiture, figurant à la sortie, est reporté à la fin de chaque journée, au Livre d'entrée, pour la soustraction en être faite du montant total des titres entrés pendant la même journée, augmenté lui-même, s'il y a lieu, du solde débiteur de la veille.

La différence représente donc le *solde débiteur* du Livre des Marchandises en souffrance.

Sur le Livre des lettres de voiture impayées sont consignées toutes les lettres de voiture dont l'encaissement intégral n'a pu être obtenu, pour une cause quelconque, dans les huit jours de leur arrivée en gare, sauf, toutefois, celles dont les marchandises sont rentrées ou restées en gare, lesquelles font l'objet du Livre précédent.

Le Livre des lettres de voiture impayées a un numéro d'ordre qui est reporté au Livre de débit général, à l'article correspondant, et réciproquement, avec mention sur ce dernier Livre du titre : *Lettres de voiture impayées*.

Ce troisième Livre auxiliaire se compose d'une entrée et d'une sortie.

A l'entrée, sont transcrites les lettres de voiture dont il vient d'être parlé, au fur et à mesure de leur sortie du Livre de débit général.

Le montant total des lettres de voiture, transportées à l'entrée de ce Livre, pendant la journée en cours d'exécution, est reporté au Livre de débit général *comme troisième élément de crédit.*

A la sortie figurent les lettres de voiture liquidées pendant la journée, soit par espèces, soit par billets de retenue, avec indication des conditions de règlement en regard de chaque article.

La sortie a également son numéro d'ordre qui est reporté au Livre d'entrée, à l'article correspondant, et réciproquement.

Le montant total des lettres de voiture, figurant à la sortie, est reporté, à la fin de chaque journée, au Livre d'entrée, pour la soustraction en être faite du montant total des titres entrés pendant la même journée, augmenté lui-même, s'il y a lieu, du solde débiteur de la veille.

La différence représente le *solde débiteur* du Livre des lettres de voitures impayées.

Il résulte donc de ces dispositions que le Livre de débit général peut être crédité chaque jour à trois titres différents.

1° A titre d'encaissements ou de versements en comptes-courants ;

2° A titre de marchandises en souffrance ;

3° A titre de lettres de voiture impayées.

Par contre, les gares et stations peuvent avoir à se débiter à trois titres différents désignés comme ci-après :

1° *Débit général* ;

2° *Marchandises en souffrance* ;

3° *Lettres de voiture impayées* ;

qu'elles doivent reproduire exactement à leur liquidation, tant comme soldes débiteurs de la veille que comme soldes débiteurs en fin de journée.

Les gares et stations pour se couvrir du montant des billets de retenue, dont il est parlé au § III ci-dessus, page 5, en font l'objet de *Bordereaux de versement en litige,* auxquels doivent être joints rigoureusement :

1° Le duplicata, sur papier libre, de la facture de transport;

2° La correspondance à mi-marge échangée entre la gare destinataire et la gare expéditrice, qui, dans tous les cas, doivent se mettre en correspondance directe et immédiate avant de consommer une transaction ou d'accepter un billet de reteuue;

3° Le billet de retenue, revêtu de la signature du destinataire et portant la spécification complète de l'expédition sur laquelle a été exercée la retenue;

4° Les reçus des sommes payées pour avaries ou indemnités en sus du billet de retenue;

5° La copie de la lettre autorisant la transaction, ou, si la transaction est opérée de l'initiative du Chef de gare ou de station, des motifs justifiant la transaction.

Ces différentes pièces sont envoyées à l'Administration centrale en même temps que le Bordereau de liquidation, où les gares et stations prennent crédit de leur importance à l'article *Litiges.*

NAPOLÉON CHAIX ET Cᵉ.

ORDRE GÉNÉRAL N° 20

RÉGLANT LE

CHARGEMENT DES WAGONS ET LE CLASSEMENT DES MARCHANDISES DANS LES TRAINS.

---

§ I.

CHARGEMENT DES WAGONS.

ARTICLE PREMIER.

Les wagons à marchandises portent une inscription indiquant, pour chacun d'eux, *la limite de la charge.*

Dans aucun cas, le poids du chargement ne doit dépasser cette limite, à moins d'une autorisation spéciale de l'Inspecteur principal.

Art. 2.

Le chargement des wagons doit être disposé de telle sorte que le poids soit réparti également sur les deux essieux.

En observant l'écartement qui existe entre les planchettes indicateurs et les ressorts de suspension des wagons, on peut vérifier facilement si cette condition est remplie.

Les wagons doivent être chargés jusqu'à ce que les planchettes-indicateurs de chargement arrivent au *niveau du dessus de la platine du ressort*. Dès que la planchette a atteint ce niveau, le chargement doit être arrêté. Si le wagon n'a pas reçu sa charge maximum, il faut le signaler au rapport, mais s'abstenir de compléter le chargement. En aucun cas, la planchette-indicateur ne doit dépasser le niveau normal qui lui est assigné.

Art. 3.

Il est essentiel, pour assurer le bon emploi du matériel, aussi bien que pour faciliter la manœuvre des wagons dans les petites stations, d'affecter spécialement les véhicules à *huit tonnes* aux expéditions de grand parcours, et de réserver aux transports intermédiaires le matériel de petite dimension.

Art. 4.

Les colis doivent être chargés avec soin dans les wagons, et assujettis de manière à éviter le ballottement et la chute sur la voie.

Les caisses de verres et de glaces doivent toujours être placées de champ, et jamais à plat ni inclinées.

Les gares expéditrices sont responsables des avaries résultant d'un mauvais chargement.

Art. 5.

Autant que possible, un même wagon ne doit contenir que des marchandises destinées à la même gare, et, à plus forte raison, à la même branche du chemin.

Cette mesure doit être rigoureusement observée pour les expéditions dont le poids n'est pas inférieur à 4,000 kilogrammes.

Art. 6.

Lorsqu'une gare ou une station expédie des marchandises pour différentes destinations, et que chacune de ces expéditions est d'un poids inférieur à 4,000 kilogrammes, elle peut les charger dans le même wagon en se conformant aux dispositions suivantes :

1° Établir pour ces marchandises et par wagon autant de bordereaux de chargement qu'il y a de destinations différentes ;

2° Coller sur chaque colis une étiquette portant le nom de la gare expéditrice et celui de la gare destinataire ;

3° Classer avec soin les colis dans le wagon, en rapprochant ceux qui ont la même destination et en plaçant au fond ceux dont les destinations sont plus éloignées, afin que la reconnaissance et le déchargement puissent se faire promptement au point d'arrivée ;

4° Mettre sur la porte par laquelle le déchargement doit être effectué l'inscription à la craie : *Côté à ouvrir*.

Art. 7.

Les mêmes soins doivent être pris pour les marchandises de détail à charger ou à décharger pendant l'arrêt des trains aux stations.

Un wagon spécial, dit *wagon de route*, affecté spécialement au transport de ces marchandises, doit toujours entrer dans la composition des trains desservant les stations intermédiaires.

Art. 8.

Les wagons qui contiennent à la fois de la marchandise pour

deux lignes différentes doivent être complétement déchargés à la gare de bifurcation, et la marchandise reconnue et rechargée.

Dans ce cas, la gare qui opère le transbordement doit inscrire son nom sur les feuilles de route, bordereaux et autres pièces de la marchandise rechargée, ainsi que les nouveaux numéros de train et de wagon où cette marchandise est placée, en effaçant les anciens numéros.

Art. 9.

Les marchandises destinées à une station sur laquelle on dirige du matériel vide, doivent toujours être chargées dans ce matériel, quelle que soit d'ailleurs l'importance de l'expédition.

Art. 10.

Dès qu'un wagon est chargé, on inscrit à la craie le nom du lieu de départ et celui de la station destinataire.

Après le déchargement, l'inscription est effacée et remplacée par le mot *Vide*.

§ II.

COMPOSITION DES TRAINS.

Art. 11.

En règle générale, les wagons composant un train de marchandises doivent être classés suivant le parcours qu'ils ont à faire, en plaçant en tête ceux qui ont le plus court trajet à effectuer.

Les wagons destinés à la même ligne doivent toujours être groupés, et non disséminés dans le train.

Lorsque les stations intermédiaires ont à adjoindre des wagons à un train de passage, ces wagons doivent être intercalés dans le train, suivant les indications ci-dessus.

Les dispositions particulières à prendre pour la composition des trains de marchandises, en raison de leur nature, des conditions de service des lignes qu'ils parcourent et des stations qu'ils desservent, seront déterminées, sur chaque section, par des instructions spéciales de l'Inspecteur principal.

NAPOLÉON CHAIX ET Cie

ORDRE GÉNÉRAL

N° 21

RÉGLANT LES MESURES A PRENDRE

POUR LE TRANSPORT DES POUDRES, MUNITIONS DE GUERRE ET MATIÈRES EXPLOSIBLES OU INFLAMMABLES.

ARTICLE PREMIER.

En exécution de l'art. 21 du *Règlement d'administration publique du* 15 *novembre* 1846, le transport de toute matière pouvant donner lieu soit à des explosions, soit à des incendies, est formellement interdit, par les trains de voyageurs, y compris les trains mixtes.

ART. 2.

Le transport de ces matières ne peut être effectué que par les trains de marchandises proprement dits.

ART. 3.

Conformément à l'art. 66 du Règlement précité, qui porte que des mesures spéciales de précaution seront prises pour le transport desdites marchandises, et par application du *Règlement du 10 novembre* 1852, arrêté par les Ministres des Travaux publics et de la Guerre, les dispositions suivantes doivent être strictement observées pour cette nature de transport.

§ I.

TRANSPORT DES POUDRES ET MUNITIONS DE GUERRE.

Art. 4.

Les poudres de guerre ne sont acceptées que dans de doubles barils ; celles de mine ou de chasse, dans un sac de toile ou dans des cartouches de papier, placées dans un baril ou dans une caisse en bois ; les munitions confectionnées, dans des caisses ou barils, selon l'espèce, le tout conformément au mode en usage pour le transport ordinaire de ces poudres.

Art. 5.

Deux employés civils et militaires, commissionnés à cet effet, doivent accompagner, pendant le trajet, les livraisons faites, et ne jamais les perdre de vue, même pendant les stationnements momentanés dans les gares ou stations.

Art. 6.

Les barils ou caisses de poudre doivent être chargés sur des wagons à ressorts de choc, attelés au contact, avec caisses fermées à pavillons recouverts en feuilles métalliques. Les fourgons à bagages remplissant seuls ces conditions, c'est dans ces wagons, à l'exclusion de toute autre espèce de matériel, que les poudres doivent toujours être transportées.

ART. 7.

Lorsqu'un wagon est affecté au transport de la poudre, son plancher doit être recouvert d'un prélart imperméable, de manière à prévenir le tamisage sur la voie ; les surfaces des ferrures des axes ou leviers de transmission de mouvement qui peuvent être apparentes à l'intérieur, doivent être soigneusement recouvertes d'étoffes ou enveloppées par des manchons en bois.

ART. 8.

Le chargement d'un wagon à poudre ne peut, en aucun cas, dépasser trois mille kilogrammes, y compris les barils.

ART. 9.

Le poids brut d'une livraison de poudre est limité au chargement de quatre wagons.

Art. 10.

Il est interdit de faire usage du frein d'un wagon chargé de poudre.

Art. 11.

Les agents préposés à la garde des poudres, par l'administration de la guerre, se placent, comme les conducteurs, dans les guérites des wagons à frein. Le transport de ces agents est gratuit à l'aller et au retour.

Art. 12.

Il leur est formellement interdit, ainsi qu'aux employés de la Compagnie, de monter, pendant le trajet, sur des wagons chargés de poudre.

Art. 13.

La Compagnie doit toujours être prévenue vingt-quatre heures à l'avance des livraisons de poudre que l'administration de la guerre a à lui faire.

Art. 14.

Chaque livraison ne doit séjourner dans les gares, au départ ou à l'arrivée, que le temps strictement nécessaire soit au chargement, soit au déchargement et à l'enlèvement des poudres.

ART. 15.

Dans le cas où le transport, des magasins de l'Etat à la gare, ou de celui de la gare au lieu de destination, est effectué par les fourgons propres à l'administration de la Guerre, cette dernièr est tenue de prendre des mesures pour que son matériel ne séjourne pas au delà de deux heures dans les établissements de la Compagnie.

ART. 16.

Les wagons à poudre doivent toujours être placés à l'extrémité du train opposée à la locomotive, en ayant soin de les faire suivre de trois wagons ordinaires, pour former la queue du train.

ART. 17.

Dans les mouvements de gare à opérer pour la composition ou la décomposition des trains, les WAGONS A POUDRE NE PEUVENT ÊTRE MANOEUVRÉS PAR DES MACHINES LOCOMOTIVES.

ART. 18.

Les poudres doivent être chargées immédiatement dès qu'on

les amène en gare ; elles ne doivent être déchargées que pour leur enlèvement immédiat.

Art. 19.

Elles ne doivent, en aucun cas, être déposées sous les gares ouvertes.

Art. 20.

Pendant le séjour, sur les voies, des wagons de poudre, soit au départ avant l'expédition, soit à l'arrivée avant l'enlèvement, ces wagons doivent être isolés sur les voies de réserve les plus éloignées de celles où circulent les machines, et désignés à la précaution de tous les employés par le DRAPEAU ROUGE.

§ II.

TRANSPORT DES ALLUMETTES CHIMIQUES, ARTIFICES & AUTRES MATIÈRES INFLAMMABLES.

Art. 21.

Les transports d'allumettes chimiques, de pièces d'artifice, de phosphore et autres matières inflammables ne sont acceptés qu'après vérification de l'emballage. Ces matières doivent être renfermées, par les soins des expéditeurs, dans des caisses en bois suffisamment solides, hermétiquement closes et recouvertes d'un emballage en forte toile.

Ces conditions sont d'absolue nécessité pour l'acceptation du transport.

Art. 22.

Ces marchandises sont exclusivement chargées dans des *wagons couverts,* lesquels doivent être, autant que possible, attelés en queue des trains, afin qu'on puisse facilement les dételer en cas d'incendie.

NAPOLÉON CHAIX ET C

ORDRE GÉNÉRAL

N° 22

PORTANT INSTRUCTIONS POUR

LES CONDUCTEURS CHEFS DE TRAIN ET GARDES-FREINS.

CHAPITRE PREMIER.

SERVICE DES CHEFS DE TRAIN.

§ I.

FONCTIONS GÉNÉRALES.

ARTICLE PREMIER.

Les Chefs de train sont sous les ordres du Chef de la gare de leur résidence, et, pendant la marche des trains, sous les ordres des Chefs des gares et des stations dans lesquelles ils se trouvent momentanément.

Art. 2.

Les Chefs de train ont sous leurs ordres immédiats les Gardes-freins.

Ils ont autorité, pour ce qui concerne la marche des trains, sur les Mécaniciens et les Chauffeurs, et doivent exiger, des personnes circulant sur les machines, la justification des autorisations prescrites, en se faisant représenter les permis ou mentions spéciales, signés du Directeur, nécessaires pour cette circulation. Ils ont à rendre compte de ce contrôle à leur rapport.

Ils surveillent le service des Graisseurs et peuvent, dans les cas urgents, requérir leur concours pour le service des trains, particulièrement lorsqu'il y a lieu de remplacer un Garde-frein laissé sur la voie pour maintenir le signal d'arrêt.

Art. 3.

Ils sont personnellement responsables de la conduite des trains hors des limites des gares et stations et du service des Agents placés sous leurs ordres.

Il leur est expressément recommandé d'avoir et d'exiger des Gardes-freins, envers les voyageurs, la plus grande politesse et tous les égards conciliables avec le service.

ART. 4.

Lorsque les trains sont arrêtés sur tout autre point qu'à une gare ou station, par suite d'un signal, d'un accident, ou pour les besoins du service, les Chefs de train remplissent, à l'égard des Mécaniciens, les fonctions de Chef de station.

§ II.

SERVICE AU DÉPART.

ART. 5.

Le Chef de train doit être rendu à la gare une heure au moins avant le départ du train qu'il est chargé d'accompagner si c'est un train de voyageurs, et deux heures si c'est un train de marchandises. A son arrivée, il se présente au Chef de gare et prend ses ordres. Il s'assure de la présence des Gardes-freins qui doivent partir avec lui et les surveille dans leur service.

ART. 6.

Le Chef de train est responsable de tous les colis, bagages et marchandises de toute nature expédiés par le train qu'il conduit, et de toutes les feuilles de route et pièces comptables qui les accompagnent.

Art. 7.

Il doit avant le départ faire la reconnaissance des articles, bagages, messagerie, finances, et s'assurer que toutes les pièces relatives à l'expédition du train lui sont bien remises : feuilles de marche et de mouvement du matériel, feuilles de route, factures de transport, acquits, bordereaux de chargement par wagon, feuille de distribution de matériel, etc., etc., suivant que c'est un train de voyageurs ou de marchandises.

Il est responsable de la transmission de ces pièces aux gares destinataires.

Art. 8.

Lorsqu'une ou plusieurs de ces pièces ne lui sont pas remises, les colis ou wagons dont l'expédition n'est pas régularisée peuvent, sur sa demande, être ajournés, sauf disposition contraire du Chef de gare, auquel cas le Chef de train doit faire constater qu'il a été passé outre après ses observations.

Art. 9.

Le Chef de train prend charge des feuilles de route, plis et valeurs, par l'empreinte du poinçon qui lui est attribué, sur le coupon PRIS A, du *Bordereau du mouvement des feuilles et plis*. Il se fait, de même, donner décharge des pièces qu'il rend à destination, par le poinçonnage de la station destinataire sur le coupon REMIS A. Ce bordereau, dressé par la gare expéditrice, est rendu, ainsi rempli, par le Chef de train, à la gare extrême d'arrivée, qui le transmet visé et certifié à l'Inspecteur principal.

Art. 10.

Le Chef de train doit visiter son train avec soin en ce qui concerne l'attelage, la composition et le chargement des wagons; lorsqu'il remarque quelque oubli ou quelque irrégularité, il en rend compte immédiatement au Chef de gare.

Art. 11.

Le Chef de train doit vérifier, avant le départ, si le train est muni de ses signaux d'arrière et des agrès nécessaires.

Savoir :

1° A portée de chaque Garde-frein :
Un drapeau rouge,
Une lanterne à verres rouges,
Un briquet,
Une boîte de signaux détonants.

2° Dans le fourgon à bagages ou fourgon de route :
Un appareil télégraphique portatif avec ses accessoires,
Une lanterne et un drapeau,
Une boîte de signaux détonants.

Le Chef de train, avant de prendre place dans son fourgon ou sur son siége, doit mettre le premier frein en communication avec la cloche du tender, au moyen d'un cordeau, et s'assurer que cette communication est bien établie.

§ III.

TRAINS EN MARCHE, ARRÊTS ET STATIONNEMENTS.

Art. 12.

Le Chef de train, répondant de la conduite du train en route (art. 3), conserve l'initiative et la responsabilité des mesures à exécuter dans le trajet, sauf le cas où un employé supérieur, ayant qualité pour prendre le commandement du service, se trouve dans le train ou sur la machine de secours.

Art. 13.

Dans les trains de voyageurs, le poste du Chef de train est dans le fourgon à bagages, placé en tête, et lorsqu'il n'y a pas au train un nombre suffisant de Gardes-freins, il en remplit les fonctions. Dans les trains de marchandises, il prend place sur le premier wagon à frein et est chargé de la manœuvre du frein.

Il doit, pendant la marche, classer les bagages, les articles de messagerie et les marchandises destinés à la prochaine station, de telle sorte que la distribution ne subisse aucun retard. Il lui est expressément interdit de laisser monter qui que ce soit dans les fourgons à bagages.

Art. 14.

A l'arrivée aux stations, le Chef de train remet aux facteurs les bagages et les colis en destination et reçoit ceux qu'il doit emporter, en prenant soin de vérifier les feuilles qu'on lui remet et de faire poinçonner le bordereau du mouvement des feuilles.

Il fait inscrire par le Chef de station, ou inscrit lui-même sur la feuille de mouvement du matériel, les numéros des wagons *pris* ou *laissés*, et la fait poinçonner.

Art. 15.

Pendant les arrêts aux stations, suffisamment prolongés, le Chef de train doit visiter son train ; s'assurer si l'attelage est dans de bonnes conditions, si les signaux d'arrière et l'éclairage intérieur des voitures sont en bon état, si les chargements ne sont pas dérangés ; il fait part de ses observations au Chef de station, chargé de pourvoir à tous les besoins du service pendant la durée du stationnement.

Art. 16.

En cas de retard ou de ralentissement dans la marche, le Chef de train consulte le tableau réglementaire de la marche des trains et se rend compte de la position où il se trouve par rapport aux trains qui le suivent ; arrivé à la plus prochaine station, il doit s'informer auprès du Mécanicien de l'état de la machine, et dans le cas où il n'a pas la certitude d'arriver à une autre station avant le train qui le suit, il en fait part au Chef de la station, qui apprécie si le train doit être garé pour laisser passer le train suivant.

Art. 17.

En cas d'arrêt en route, par suite d'accident ou de toute autre cause, le Chef de train doit pourvoir immédiatement à la sécurité du train, par l'exécution de l'Ordre général des signaux destinés a assurer la marche des trains, n° 7.

Art. 18.

Le Chef de train ne doit jamais perdre de vue que l'arrêt des trains sur la voie est l'une des causes d'accidents les plus graves, et qu'il est responsable de l'application des mesures de sûreté prescrites en cette circonstance.

Art. 19.

Lorsque, par suite d'impuissance de la machine par surcharge ou autre cause, un train s'arrête sur un point de la ligne plus ou moins éloigné d'une station de dépôt et que la machine de secours est impuissante à remorquer le train en entier, le Chef de train est autorisé, lorsque cette mesure est commandée par les circonstances, à couper le train en deux ou plusieurs parties, surtout quand cette manœuvre peut éviter ou abréger les retards.

ART. 20.

Si le Chef de train est forcé de laisser sur la voie une partie du train ou du chargement, il doit en confier la surveillance à un Garde-frein, après avoir fait, par lui-même, le nécessaire pour assurer la sécurité de la circulation.

ART. 21.

En cas d'accident grave, si, par exemple, il y a déraillement ou bris d'essieu, il doit être demandé du secours à la fois à la station la plus voisine et au dépôt le plus voisin. Le Chef de train doit demander ce secours au moyen de l'appareil télégraphique portatif, s'il en est muni, et, à son défaut, par exprès et par écrit, en spécifiant exactement la nature de l'accident et le point où il a eu lieu; au besoin, cet avis est porté en avant par la machine, si elle est en état de service.

ART. 22.

Si des voyageurs ou des employés sont grièvement blessés, le Chef de train doit en donner avis sans retard à l'autorité locale, au Commissaire de surveillance administrative, et prendre toutes les mesures pour que les personnes blessées reçoivent de prompts secours.

ART. 23.

Lorsque la machine qui remorque le train vient à manquer

d'eau avant d'avoir atteint un réservoir, le Chef de train peut, sous sa responsabilité, et après avoir pris toutes les mesures nécessaires pour couvrir le train à l'arrière, autoriser le mécanicien à se détacher pour aller s'alimenter à la prise d'eau la plus voisine et à revenir sur la même voie. Dans ce cas, le signal d'arrêt doit être fait, par ses soins, à 500 mètres en avant du train pour éviter un choc au retour de la machine, et, sous aucune espèce de prétexte, il ne doit laisser remorquer ou pousser le train par une machine ou un train qui surviendrait dans l'intervalle.

Art. 24.

Lorsque, par suite d'accident, de réparation ou de toute autre cause, la circulation s'effectue momentanément sur une seule voie, le Chef de train doit placer un Garde auprès des aiguilles de chaque changement de voie et n'engager le train sur la voie unique qu'après s'être assuré qu'il ne peut être rencontré par un train venant dans le sens opposé.

Art. 25.

Un train arrêté en route ne doit se remettre en marche que sur l'ordre du Chef de train.

§ IV.

SERVICE A L'ARRIVÉE.

Art. 26.

Aussitôt après l'arrivée du train à sa destination, le Chef de train doit remettre les feuilles de route, plis de service et autres pièces au Facteur-Chef. Il veille et prend part au déchargement des bagages et de la messagerie, et lorsque le service des voyageurs est terminé, il fait reconnaître les articles et se fait donner décharge par le poinçonnage sur le bordereau du mouvement des feuilles.

Art. 27.

Lorsqu'il se trouve des colis en plus ou en moins, constatation en est faite, et le Chef de train doit donner tous les renseignements de nature à la régularisation de ces erreurs. Il est pécuniairement responsable de celles provenant de sa faute, comme fausse destination, avarie, perte de valeurs, etc., etc.

Art. 28.

Le Chef de train doit ensuite établir la feuille de marche, contradictoirement avec le Graisseur, en ayant soin de se conformer à toutes les indications qu'elle comporte, et de n'omettre aucun des renseignements de nature à faire apprécier toutes les circonstances du trajet et des retards. L'état du temps doit toujours y être consigné. La feuille de marche est le rapport du Chef de train, et, à ce titre, elle doit contenir ses observations et rendre compte, s'il y a lieu, des irrégularités de service.

Art. 29.

Cette feuille est remise immédiatement au Chef de gare pour être arrêtée, séance tenante, contradictoirement avec les agents de la Régie de la traction, en ce qui concerne les retards et les avaries.

Art. 30.

Dans les trains de grand parcours, aux gares principales de relais, telles que Orléans, Tours, Poitiers, Vierzon, etc., où de nouvelles feuilles de marche sont établies, lorsque le Chef de train n'a que le temps de s'occuper des bagages et de la messagerie, il peut charger un Garde-frein de la constatation des retards et des avaries et de l'établissement de la feuille de marche pour le parcours effectué. Il lui donne les instructions nécessaires à cet effet, et le Garde-frein signe alors la feuille de marche au lieu et place du Chef de train.

Art. 31.

Le Chef de train ne doit pas quitter la gare d'arrivée avant d'avoir rempli ces diverses obligations et s'être présenté au Chef de gare pour donner les explications qui pourraient lui être demandées. Il inscrit sur un registre, destiné à cet usage, les date et numéro du train qu'il a accompagné, les heures de départ et d'arrivée, les retards et les faits principaux du trajet.

CHAPITRE II.

SERVICE DES GARDES-FREINS.

§ V.

FONCTIONS GÉNÉRALES.

Art. 32.

Les Gardes-freins sont sous les ordres directs du Chef de train avec lequel ils marchent ; ils doivent lui obéir pour ce qui concerne le service. Tout Garde-frein qui refuse d'exécuter ou n'exécute pas ponctuellement un ordre qu'il reçoit de son Chef de train est sévèrement puni.

Art. 33.

Pendant les arrêts aux gares et stations, les Gardes-freins sont chargés, sous la direction des Chefs de gare et de station et des Chefs de train, de tout ce qui concerne le service du train.

Art. 34.

Les Gardes-freins de queue sont responsables du bon éclairage et du bon entretien des signaux d'arrière des trains. Toute avarie des signaux d'arrière reste à leur charge.

Art. 35.

Les Gardes-freins doivent être rendus à la gare une heure au moins pour les trains de voyageurs, et deux heures pour les trains de marchandises, avant le départ des trains qu'ils sont chargés d'accompagner. Ils concourent au chargement des bagages et de la messagerie, sous les ordres du Chef de train, et l'aident dans la reconnaissance et le classement des colis.

§ VI.

SERVICE AU DÉPART.

Art. 36.

Dès que le train est composé et que les Gardes-freins connaissent le poste qui leur est assigné, ils ont à s'assurer que la voiture sur laquelle ils doivent prendre place est pourvue des signaux et lampes nécessaires, que le frein est en bon état et fonctionne convenablement.

Art. 37.

Lorsque le signal indiquant l'ouverture des salles d'attente est donné, les Gardes-freins ouvrent les portières et font monter les voyageurs, dans l'ordre de la sortie des salles, en ayant soin de compléter, le plus possible, chaque compartiment, de manière à éviter que les places restant libres se trouvent dispersées dans toutes les voitures. Cette disposition est surtout essentielle dans les trains omnibus.

Art. 38.

Les voyageurs ne peuvent monter dans une classe de voitures autre que celle indiquée par leur billet. Toutefois, il leur est facultatif de changer de classe; mais, dans ce cas, les Gardes-freins doivent leur faire prendre un nouveau billet, ou, si le temps manque, les avertir qu'ils auront à payer la différence. Ils doivent alors veiller à ce que cette perception ne manque pas de s'effectuer à l'arrivée.

Art. 39.

Il est interdit d'admettre dans les voitures plus de voyageurs que ne le comporte le nombre de places indiqué dans l'intérieur de chaque compartiment.

Art. 40.

Les Gardes-freins doivent ne pas laisser monter de chiens dans les voitures, et s'opposer au départ des voyageurs en état d'ivresse ou ayant avec eux des objets gênants, malpropres, dangereux ou encombrants, s'ils persistent à ne pas vouloir s'en séparer. Tout voyageur porteur d'un fusil est tenu de faire constater qu'il n'est pas chargé ou de le décharger ; cette précaution doit toujours être strictement observée. Les Gardes-freins ont, en outre, à empêcher les voyageurs de se pencher en dehors, de passer d'une voiture dans une autre, de descendre ou de monter le train en marche, de descendre du côté de l'entre-voie, de fumer dans les voitures. Leur mission est de veiller à l'exécution des lois et règlements sur la police des chemins de fer, et, en cas de contravention, de les constater ou faire constater par procès-verbaux.

§ VII.

TRAINS EN MARCHE, ARRÊTS ET STATIONNEMENTS.

Art. 41.

En marche, les fonctions des Gardes-freins consistent dans la surveillance de tout ce qui peut intéresser la marche ou la sécurité du train. Ils sont particulièrement chargés de la manœuvre des freins, suivant les circonstances et d'après les signaux du Mécanicien.

Art. 42.

Ils doivent obéir uniquement et strictement à ces signaux et, à moins de danger imminent nécessitant l'arrêt, ne jamais serrer les freins avant les coups de sifflet.

Art. 43.

Les Gardes-freins doivent, de jour et de nuit, apporter la plus grande attention aux signaux des Gardes-ligne et des trains qui les croisent, afin de transmettre, au besoin, ces signaux au Conducteur placé en tête, et, par son intermédiaire, au Mécanicien.

Art. 44.

La manœuvre des freins est réglée, par les Mécaniciens, au moyen des signaux suivants :

Un coup de sifflet annonce la mise en marche et ordonne de desserrer les freins;

Les coups de sifflet saccadés commandent de serrer les freins.

Dès qu'ils entendent ce dernier signal, les Conducteurs doivent porter la main à la manivelle du frein et le serrer vivement. Tout Garde-frein qui exécute mollement cette manœuvre est sévèrement puni et renvoyé en cas de récidive.

En arrivant aux stations, dès que le train est complétement arrêté, ou sur le signal du Mécanicien, et avant de descendre de leur siége, les Conducteurs doivent desserrer les freins, afin qu'au départ ils ne fassent pas obstacle à la mise en marche.

Art. 45.

Lorsque les Gardes-freins s'aperçoivent de quelque danger ou de quelque accident qui nécessite l'arrêt immédiat du train, ils doivent, en serrant spontanément leur frein, agiter leur drapeau rouge ou leur lanterne, suivant qu'il fait jour ou nuit. Cette manœuvre est répétée par chacun des Gardes-freins jusqu'à ce que le signal soit aperçu par le Conducteur de tête, qui, agitant lui-même son drapeau ou sa lanterne, sonne violemment la cloche du tender, afin de donner l'alarme au Mécanicien.

Art. 46.

Lorsqu'un train de voyageurs est complétement arrêté à une station et que les freins sont desserrés, les Conducteurs descendent de leur siége du côté extérieur de la voie, parcourent la ligne du convoi et ouvrent les portières sur la demande des voyageurs, en répétant à haute voix le nom de la station, des correspondances et la durée du stationnement. Ils vérifient en même temps l'attelage des voitures.

Les voyageurs ne doivent monter dans les voitures ou en descendre que du côté extérieur de la voie. Les Gardes-freins ont à aider les voyageurs à descendre, leur donner poliment, mais sans paroles inutiles, les indications qu'ils peuvent leur demander. Ils doivent se porter rapidement et sans confusion partout où le service l'exige, activer enfin de tous leurs efforts la prompte expédition du convoi. Quand le service du train est terminé, c'est-à-dire que les portières sont fermées et que tous les Gardes-freins sont à leur poste, celui de queue en transmet l'avertissement au Chef de station par un coup de sifflet, qu'il doit donner lorsqu'il se trouve au droit de la voiture sur laquelle il prend place.

ART. 47.

Dans les trains de marchandises, les Gardes-freins vérifient l'attelage et se mettent ensuite à la disposition du Chef de train pour les chargements et les déchargements et du Chef de station pour les manœuvres à faire.

ART. 48.

Il est formellement interdit aux Gardes-freins d'attendre que le train soit en marche pour monter sur leur siége; ils doivent le faire avant que le train ne soit démarré et ne jamais se tenir debout pendant le trajet.

ART. 49.

Dès qu'un train est arrêté hors des limites d'une station, le Garde-frein de queue doit se porter, de suite et en courant, à 1,000 mètres en arrière, pour faire le signal rouge (ORDRE GÉNÉRAL POUR LES SIGNAUX, Nº 7). En cas d'accident ou d'arrêt imprévu, les Gardes-freins doivent se conformer strictement aux instructions qu'ils reçoivent du Chef de train, pour les précautions à prendre, les manœuvres à exécuter, les signaux à faire, etc.

§ VIII.

SERVICE A L'ARRIVÉE.

Art. 50.

A l'arrivée, les Gardes-freins doivent concourir au déchargement des bagages et de la messagerie et aider le Chef de train dans tous les détails du service qu'il peut avoir à leur commander.

Art. 51.

Ils ne peuvent quitter la gare sans l'autorisation de leur Chef de train.

CHAPITRE III.

DISPOSITIONS COMMUNES AUX CHEFS DE TRAIN ET GARDES-FREINS.

Art. 52.

Il est formellement interdit aux Chefs de train et Gardes-freins sous les peines les plus sévères :

1°. De se charger du transport d'aucune correspondance étrangère au service ;

2° De quitter leur poste pendant le stationnement des trains aux gares et stations ;

3° De transporter, pour leur compte ou celui d'autrui, aucun bagage, colis ou article de messagerie, aucune espèce de marchandises, comestibles ou denrées quelconques qui ne seraient pas régulièrement enregistrés et taxés ;

4° D'entrer dans les gares et d'en sortir avec des colis ou paquets et sans avoir fait visiter leur panier.

5° De fumer et de dormir dans le fourgon ou sur leur siége ;

6° De quitter leur poste pour entrer dans une voiture.

Art. 53.

Les Conducteurs doivent exiger des voyageurs le prix des dégradations ou avaries qu'ils peuvent commettre dans les voitures, et, s'ils en refusent le paiement, faire certifier les faits par témoins et dresser procès-verbal.

Art. 54.

Les prix à percevoir pour ces dégradations ou avaries sont fixés par le tarif suivant :

Désignation	fr.	c.
Glace de 1re classe	1	50
Glace de 2me classe	1	50
Glace de 3me classe	1	50
Cordon de glace arraché 1re classe	»	75
Cordon de glace manquant 1re classe	5	»
Cordon de glace arraché 2me classe	»	75
Cordon de glace manquant 2me classe	1	»
Rideaux ou stores déchirés	1	25
Rideaux ou stores manquants	2	50
Déchirure du pavillon de 1re classe	3	»
Brûlure de la garniture de 1re classe	3	»
Brûlure de la garniture de 2me classe	1	50
Tache de graisse sur les coussins	1	»
Coupe de lanterne brisée	2	50

Les sommes perçues par suite de l'application de ce tarif sont remises, par les Conducteurs, au Chef de gare, à l'arrivée, pour le versement en être opéré, dans les vingt-quatre heures, aux Agents de la Régie de la traction désignés à cet effet.

Art. 55.

Les Chefs de train et Gardes-freins doivent être constamment porteurs :

1° Des Tableaux réglementaires de la marche des trains ;

2° Du Règlement d'administration publique ou Extrait de ce Règlement, concernant leur service ;

3° De l'Ordre général pour les signaux destinés a assurer la marche des trains, n° 7 ;

4° De l'Ordre général réglant la circulation sur la double voie, n° 8 ;

5° De l'Ordre général réglant la circulation sur les voies uniques, n° 9 ;

6° Des Instructions pour l'usage et la manœuvre des appareils télégraphiques portatifs ;

7° Du présent Ordre général.

Ils doivent représenter ces imprimés à toute réquisition des Employés supérieurs de l'Exploitation et des Inspecteurs ou Contrôleurs du mouvement.

NAPOLÉON CHAIX ET Cie

ORDRE GÉNÉRAL N° 23

ASSIMILANT

LES BUREAUX DE VILLE, AUX GARES ET STATIONS.

ARTICLE PREMIER.

Le Bureau Central, les Bureaux succursales à Paris et les Bureaux spéciaux de la Compagnie dans les villes de province sont, sans exception, assimilés aux gares et stations, conformément au classement déterminé par le tableau A annexé à l'ORDRE GÉNÉRAL DES CAUTIONNEMENTS, n° 26.

ART. 2.

Les lignes d'omnibus, de factage et de camionnage sont assimilées aux trains.

Art. 3.

En conséquence, ces services sont, comme les gares, les stations et les trains, placés sous l'autorité immédiate des Inspecteurs principaux de l'Exploitation. Les Chefs et les Employés des Bureaux sont assujettis à la tenue uniforme prescrite pour le personnel de la Compagnie, suivant l'assimilation prévue aux §§ II, V, XVII, XVIII et XIX de l'Ordre général réglant la tenue uniforme, n° 27.

Art. 4.

Les Bureaux sont désignés par le nom de leur rue, suivi du nom de la ville dans laquelle ils sont situés.

Art. 5.

Le parcours des omnibus et des voitures de factage et de camionnage est constaté par des feuilles indiquant le numéro de la voiture et la nature du transport, le nom des cochers, facteurs de ville ou camionneurs, l'heure de départ, la destination et les circonstances particulières du trajet.

Art. 6.

Les enregistrements, l'étiquetage des colis et toutes les pièces de comptabilité sont faits par les Bureaux, dans la forme et d'après les règles prescrites pour les gares et stations, conformément aux Ordres généraux, Instructions et avis.

ART. 7.

Chaque Bureau adresse tous les jours, à l'Inspecteur principal duquel il relève, un rapport détaillé sur ses opérations. Ce rapport indique les heures de départ et d'arrivée de chaque voiture desservant le bureau ; il rend compte de toutes les irrégularités de service et des causes qui les ont déterminées, et mentionne tous les renseignements qui peuvent être de nature à intéresser le Chef de l'Exploitation.

ART. 8.

Les rapports des Bureaux et les feuilles de parcours des omnibus, voitures de factage, chariots ou camions sont contrôlés chaque jour au bureau de l'Inspecteur principal, qui les transmet visés et annotés au Chef de l'Exploitation, avec les rapports journaliers des gares et stations.

ART. 9.

Par exception aux dispositions des art. 7 et 8 ci-dessus, le

Bureau Central et les Bureaux succursales, à Paris, sont placés sous la surveillance immédiate de l'Inspecteur général du mouvement, auquel doivent être adressés directement les renseignements, rapports et feuilles mentionnés aux articles précités.

NAPOLÉON CHAIX ET Cie

ORDRE GÉNÉRAL

N° 24

POUR

LA RÉDACTION DES PROCÈS-VERBAUX ET LES MESURES A PRENDRE EN CAS D'ACCIDENTS ET D'INCENDIE.

---

§ Ier.

ARTICLE PREMIER.

CONSTATATION DES CRIMES. DÉLITS, CONTRAVENTIONS ACCIDENTS OU AUTRES FAITS INTÉRESSANT LA COMPAGNIE.

Tout crime ou délit, toute contravention à la loi du 15 juillet 1845, aux Règlements d'administration publique et aux arrêtés préfectoraux rendus pour leur exécution ; tout fait quelconque de nature à causer un dommage à la Compagnie, tout accident ayant occasionné des blessures, toute injure, toute attaque, toute résistance avec violences ou voies de fait envers les Agents dans l'exercice de leurs fonctions, doivent faire l'objet de procès-verbaux.

Art. 2.

Le droit de dresser procès-verbal est attribué exclusivement aux *Agents assermentés*; ces Agents sont particulièrement chargés de veiller à l'exécution des lois et Règlements de police concernant les chemins de fer, et de constater les délits et dommages de toute nature qui peuvent intéresser la Compagnie ou les voyageurs, directement ou indirectement.

Art. 3.

En conséquence, tout Agent assermenté qui prend connaissance d'un fait quelconque dommageable, soit pour la Compagnie, soit pour les voyageurs, ou contraire aux lois et Règlements, doit en dresser immédiatement procès-verbal, suivant la forme indiquée au § II ci-dessous.

Art. 4.

L'intervention des Commissaires ou Sous-Commissaires de surveillance doit être requise toutes les fois qu'il est nécessaire de constater un fait intéressant ou pouvant intéresser des tiers, tels que des voyageurs ou des personnes étrangères à la Compagnie, comme par exemple pour ouvrir des malles, caisses, colis, portefeuilles, etc., trouvés ou délaissés, qui sont réclamés, lorsque les réclamants ne prouvent pas suffisamment leur identité, ou pour constater de fausses déclarations. Dans chaque cas, il doit être dressé procès-verbal avec description par les Commissaires.

§ II.

RÉDACTION DES PROCÈS-VERBAUX.

Art. 5.

Les procès-verbaux seront rédigés sur papier non timbré, préparé à cet effet, suivant le modèle ci-annexé, remis à l'Agent, et, à défaut de cet imprimé, sur des feuilles de papier blanc, mais en ayant toujours soin de se conformer aux formules adoptées.

Ils doivent mentionner :

1° La date, par jour et par heure, des faits constatés;

2° Les nom, prénoms, profession et domicile des auteurs reconnus ou présumés;

3° Ceux des personnes qui en ont éprouvé préjudice ;

4° Ceux des témoins ;

5° Enfin, la relation des faits dans les termes les plus concis, avec toutes les circonstances propres à les caractériser et à en faire apprécier la portée.

A défaut de renseignements précis sur les auteurs ou personnes intéressées, on doit recueillir et consigner tous ceux qui peuvent aider à les faire reconnaître, et notamment leur signalement personnel, s'il y a lieu.

Art. 6.

Les instruments et autres objets trouvés sur place, et pouvant servir de pièces de conviction, doivent être soigneusement décrits, inventoriés et placés en lieu de sûreté, pour être remis à la disposition de l'autorité.

Art. 7.

Les procès-verbaux doivent toujours être signés, et, autant que possible, rédigés par les Agents assermentés eux-mêmes. Lorsqu'ils ne pourront les rédiger personnellement, ils devront s'adresser au maire, à l'adjoint, ou au greffier du juge de paix de la commune la plus voisine, qu'ils requerront de rédiger le procès-verbal de leurs déclarations, de recevoir leur affirmation et de leur en donner acte. Ils se feront ensuite délivrer la minute du procès-verbal par le fonctionnaire qui l'a rédigé.

Art. 8.

Les Agents doivent toujours indiquer s'ils ont été témoins oculaires ou auriculaires des faits, ou si la connaissance leur en est parvenue par des tiers. Dans ce cas, les tiers doivent être désignés.

Art. 9.

Les procès-verbaux doivent être rédigés autant que possible

au moment où les faits sont accomplis, ou à l'instant où ils parviennent à la connaissance des Agents assermentés.

ART. 10.

Les mêmes faits peuvent être constatés par plusieurs procès-verbaux, de même que plusieurs Agents, lorsqu'ils ont été témoins ensemble des faits, peuvent concourir à la rédaction d'un même procès-verbal.

ART. 11.

Les procès-verbaux devront être affirmés dans les trois jours de leur rédaction, devant le juge de paix ou le maire, soit du lieu où les faits se sont passés, soit de la résidence des Agents. Ils sont ensuite visés pour timbre et enregistrés *en débet.*

ART. 12.

Après les formalités prescrites à l'article 11 ci-dessus, les procès-verbaux doivent être envoyés au Chef du service, qui les transmet, dans le plus bref délai, à l'Administration centrale, pour la suite à y donner.

§ III.

MESURES A PRENDRE EN CAS D'ACCIDENTS.

Art. 13.

Aux termes de l'art. 59 du Règlement d'Administration publique sur la police des chemins de fer, toutes les fois qu'il arrive un accident, il doit en être fait, sur-le-champ, déclaration à l'autorité locale et au Commissaire de surveillance administrative.

Art. 14.

Lorsque l'accident ou avis de l'accident arrive à une gare ou à une station, le Chef de gare ou de station doit envoyer un exprès au maire de la localité et en informer immédiatement, par le télégraphe, le Chef de l'Exploitation et l'Inspecteur principal, ainsi que le Commissaire de surveillance administrative de la circonscription. Le Préfet et le Directeur du télégraphe doivent être également prévenus, par les soins du Chef de gare, lorsque la gare avisée est celle d'un chef-lieu de préfecture.

Si, l'accident a lieu entre deux stations, le Chef de train doit prévenir immédiatement et *par exprès* le maire de la commune sur le territoire de laquelle le train se trouve et assurer, pour toutes mesures à prendre et avis à donner, la stricte exécution des art. 21 et 22 de l'Ordre général portant instructions pour les conducteurs de trains, n° 22.

Art. 15.

On doit entendre par accident, tout événement ayant occasionné la mort ou des blessures, soit à des voyageurs ou Agents de la Compagnie, soit à des personnes étrangères qui se seraient introduites dans l'enceinte du Chemin de fer; tout événement, tel que déraillement, éboulement, incendie, inondation, avarie grave de matériel, etc., qui, sans occasionner de blessures, a amené une désorganisation momentanée dans le service, en interceptant la circulation sur une ou plusieurs voies.

Art. 16.

Lorsqu'il y a décès, le corps doit être déposé, sous la garde d'une personne sûre, dans un lieu convenable dépendant de la commune même où s'est produit l'accident, à moins que des circonstances particulières ne nécessitent la translation du corps, soit au domicile du défunt, soit dans une gare ou station.

Art. 17.

Toute tentative de malveillance, bris ou escalade de clôture, tout vol ou délit, commis dans l'enceinte du Chemin de fer, doit être également signalé sans retard au Chef de la station la plus voisine et au Chef du service, à l'autorité locale et au Commissaire de surveillance administrative.

§ IV.

MESURES A PRENDRE EN CAS D'INCENDIE.

Art. 18.

Lorsqu'un incendie se déclare, soit sur le matériel ou les marchandises, soit dans les bâtiments des gares, stations ou dépôts, soit dans les trains en marche, les Agents de la Compagnie doivent, conformément à l'Ordre général réglant le service des pompes a incendie, n° 33, prendre tous les moyens qui sont en leur pouvoir pour en arrêter les progrès et sauver les objets assurés ; à l'instant même de l'événement, ils doivent en donner avis par la voie la plus prompte à leur Chef de service, en même temps qu'au Secrétaire général de la Compagnie.

Art. 19.

Si le sinistre est *important,* déclaration doit en être faite devant le juge de paix du canton, immédiatement après l'incendie. Cette déclaration indiquera l'époque précise de l'incendie, sa durée, ses causes connues ou présumées, les moyens pris pour en arrêter les progrès, ainsi que toutes les circonstances qui l'ont accompagné; elle indiquera encore la nature et la valeur approximative du dommage.

Une expédition en forme de cette déclaration sera transmise, sans délai, au Secrétaire général, ainsi que l'état certifié des objets incendiés ou sauvés, et l'état des frais qui pourront avoir été faits pour le déplacement et la conservation des objets sauvés, avec les pièces justificatives à l'appui de cette dépense.

ART. 20.

Quant aux sinistres sans importance, les Agents de la Compagnie doivent se borner à les déclarer ou à les faire déclarer immédiatement au Commissaire de surveillance de la gare la plus voisine, à en donner de suite connaissance à leur Chef de service et au Secrétaire général, en joignant à leur lettre d'avis un état approximatif des pertes mobilières ou immobilières causées par l'incendie.

ART. 21.

Dans tous les cas, et à moins d'urgence, les Agents de la Compagnie doivent laisser les choses en l'état, jusqu'à ce qu'ils aient reçu les instructions du Secrétaire général, et ne rien payer sans autorisation spéciale.

NAPOLÉON CHAIX ET Cie

Visé pour valoir timbre *en débet*, conformément à l'article 24 de la loi du 15 juillet 1845.

A ______ le ______

CHEMIN DE FER D'ORLÉANS.

DATE

______

Objet du Procès-Verbal.

______

MODÈLE DE PROCÈS-VERBAL.

L'an mil huit cent______ le ______
______ à ______ heure ______ d ______
Nous, soussigné, ______

Agent de la Compagnie du chemin de fer d'Orléans, dûment assermenté et faisant fonctions de Garde champêtre, conformément aux lois des 28 septembre et 6 octobre 1791, 26 juillet 1844, 15 juillet 1845, et à l'ordonnance royale du 15 novembre 1846, avons reconnu et constaté les faits dont le détail suit : ______
______

En conséquence, nous avons rédigé le présent Procès-Verbal contre le ci-après nommé comme étant l auteur des faits présentement constatés (1). ______
______

Les Témoins sont (2) ______

Pour ledit Procès-Verbal être immédiatement transmis à qui de droit.

Fait et rédigé par nous, soussigné, à ______
les jour, mois et an que dessus.

(Signature de l'Agent rédacteur) :

L'an mil huit cent ______ le ______
______ à ______ heure ___ de ______
le présent Procès-Verbal a été affirmé véritable devant nous ______
______ par le sieur ______
______ qui a signé avec nous.

(Signatures) :

Enregistré *en débet*, conformément à l'article 24 de la loi du 15 juillet 1845,
à ______ le ______

(1) Indiquer les noms, prénoms, professions et domiciles des auteurs du Délit ou de la Contravention.

(2) Indiquer les noms, prénoms, professions et domiciles des Témoins.

ORDRE GÉNÉRAL N° 25

CONCERNANT LES

PERMIS DE CIRCULATION, LA RÉDUCTION SUR LE PRIX DES PLACES ET LE TRANSPORT GRATUIT DES BAGAGES.

§ I.

DROIT DE TRANSPORT GRATUIT DANS LES TRAINS.

ARTICLE PREMIER.

Le droit de transport gratuit dans les trains appartient :

1° A MM. les Membres du Conseil d'administration, qui se font reconnaître au besoin par leur médaille ;

2° Aux personnes porteurs d'un permis de circulation.

§ II.

PERMIS DE CIRCULATION GRATUITE.

Art. 2.

Les permis de circulation se divisent en trois classes :

1° Les permis permanents autorisant la libre circulation pendant une année ;

2° Les permis à temps limité ;

3° Les permis journaliers accordant le passage gratuit pour un seul voyage, ou pour l'aller et le retour à jours déterminés.

Art. 3.

A quelque classe qu'ils appartiennent, les permis de circulation sont essentiellement personnels ; ils doivent être retirés immédiatement, s'ils sont contrôlés dans toute autre main que celle du titulaire, et le porteur doit payer la place qu'il a occupée. Dans ce cas, le permis retiré doit être joint au rapport avec une annotation particulière.

Art. 4.

Les modèles adoptés pour les divers permis sont envoyés, chaque année, dans le courant de janvier, aux Inspecteurs principaux et aux Chefs des gares et stations.

ART. 5.

Dans le cas où le nombre de places dans les voitures de première ou de deuxième classe est insuffisant, les Employés porteurs de permis de circulation doivent abandonner leur place aux voyageurs munis de billets et monter dans les voitures de deuxième ou de troisième classe.

Les Chefs de gare et de station et les Chefs de train doivent signaler à leur rapport tout Employé qui ne se conformerait pas à cette prescription.

ART. 6.

Tout permissionnaire qui prend place dans une voiture d'une classe supérieure à celle indiquée sur son permis, doit payer le prix total de la place qu'il occupe et son permis lui est retiré. Il en est fait mention spéciale au rapport.

ART. 7.

Tout permis raturé, gratté, ou surchargé, est retiré des mains du porteur, qui est obligé de payer le prix de sa place.

PERMIS PERMANENTS.

ART. 8.

Les permis permanents sont de deux sortes : 1° les CARTES DE SERVICE, qui sont signées par le Directeur et le titulaire ; 2° LES CARTES

DE LIBRE CIRCULATION, qui ne sont délivrées que sur décision du Conseil d'administration de la Compagnie, et portent la signature du Président du Conseil, du Directeur et du titulaire.

Les permis permanents sont imprimés sur vélin de couleur blanche, rose ou bleue, suivant la classe de voiture à laquelle ils sont affectés.

ART. 9.

Les permis permanents portent un numéro d'ordre et indiquent l'année pour laquelle ils sont délivrés et le parcours auquel ils donnent droit ; ils sont renouvelés tous les ans.

ART. 10.

Par exception à l'art. 8 et conformément aux dispositions arrêtées par l'Administration publique, d'accord avec la Compagnie, les Fonctionnaires et Agents dépendants du Ministère des travaux publics ont droit à la circulation gratuite sur le chemin de fer, lorsqu'ils sont porteurs d'une CARTE DE SERVICE, délivrée et signée par le Ministre.

Cette carte, d'un modèle spécial, doit être visée par le Directeur de la Compagnie et porter le numéro de la série des permis permanents.

MM. les Préfets des départements traversés par le chemin de fer restent en dehors de ces dispositions. Le transport gratuit leur est dû dans l'étendue de leur département, dès qu'ils se déclarent en tournée de service sur le chemin de fer.

PERMIS A TEMPS LIMITÉ.

ART. 11.

Les permis à temps limité donnant droit à la circulation pendant plus d'un jour sont délivrés et signés par le Directeur de la Compagnie.

ART. 12.

Les permis à temps limité ne peuvent être valables pour plus de trois mois. Ils portent un numéro d'ordre, et indiquent, avec la date de leur délivrance, le temps pendant lequel ils ont cours, les noms et qualités du titulaire, la classe de voiture et les points entre lesquels ils autorisent la circulation. Ils doivent être signés du titulaire. Les permis à temps limité sont imprimés sur carton de la couleur attribuée à la classe de voiture à laquelle ils donnent droit.

PERMIS JOURNALIERS.

ART. 13.

Les permis journaliers ne sont valables que pour un seul voyage; ils sont détachés d'un registre à souche et imprimés sur papier blanc, rose ou bleu, suivant la classe de voiture. Ils portent un numéro d'ordre et doivent indiquer les noms et qualités du titulaire, le motif de la délivrance, les limites du parcours et la date du jour pour lequel le permis est valable.

Ces divers renseignements doivent être reproduits avec soin sur la souche.

ART. 14.

Outre la signature du Directeur, les permis journaliers portent celle d'un des Chefs de service ou Employés autorisés à en délivrer.

ART. 15.

Les Chefs de service appelés à délivrer des permis de circulation reçoivent en compte, du bureau de la Direction, un certain nombre de permis, dont ils doivent justifier l'emploi en envoyant, chaque jour, à ce bureau, sur bordereau détaillé, les souches des permis dont ils ont disposé.

ART. 16.

Tout Chef de service qui délivre un permis doit l'accorder pour la classe de voiture dans laquelle il juge que le permissionnaire, d'après sa position et les fonctions qu'il remplit, se placerait lui-même s'il était astreint à payer sa place.

Art. 17.

Sauf l'autorisation spéciale du Directeur, aucun permis ne peut être accordé en dehors des catégories ci-après :

1° Les Employés de la Compagnie :

Lorsqu'ils voyagent pour cause de service ;

Lorsque, par suite de nomination, mutation, démission ou renvoi, ils changent de résidence ; dans ce cas, la circulation gratuite leur est due, pour eux et leur famille ;

2° Les ouvriers et les tâcherons envoyés sur la ligne pour l'exécution des travaux ;

3° Les courriers et estafettes porteurs de dépêches expédiées par l'Administration des postes et munis de parts justifiant leur destination ;

4° Les gendarmes en service dans les limites de la circonscription de la brigade dont ils font partie.

Art. 18.

Tout permis délivré en dehors des catégories ci-dessus spécifiées reste à la charge de l'Employé qui a pris sur lui de le donner, pour le montant en être retenu sur ses appointements.

Art. 19.

Les permis journaliers sont délivrés en deux coupons, l'un pour l'aller, l'autre pour le retour. Lorsqu'un permis est délivré pour l'aller seulement, le coupon de retour est laissé à la souche.

Lorsque le permis est délivré pour l'aller et le retour, le coupon ALLER est retiré au point d'arrivée; celui RETOUR reste aux mains du titulaire pour lui être retiré à son retour.

Le coupon de retour doit, comme le coupon de l'aller, être fait à jour déterminé.

§ III.

RÉDUCTION SUR LE PRIX DES PLACES.

Art. 20.

Il est accordé une réduction de moitié sur le prix du tarif :

1° Aux militaires ou marins voyageant isolément, porteurs d'une feuille de route, d'un congé régulier ou d'une permission du chef du corps auquel ils appartiennent ;

2° Aux femmes et aux enfants de ces militaires ou marins lorsqu'ils sont portés sur la feuille de route ;

3° Aux indigents munis d'un passeport délivré gratis ou avec secours de route ;

4° Aux membres des congrégations charitables (auxquelles la Compagnie concède cette faveur), sur la présentation d'une pièce écrite, dite *Obédience*, revêtue du cachet de l'ordre et de la signature du supérieur. Cette pièce doit être retirée à l'arrivée, avec le billet à moitié prix pour justification de sa délivrance.

Les Receveurs doivent exiger rigoureusement des militaires, marins ou indigents, la production des feuilles de route, passeports et autres pièces mentionnées ci-dessus, sur lesquelles ils doivent apposer le timbre de la Compagnie, afin de les reconnaître, si on les leur représentait une seconde fois au même départ.

Les militaires ou marins voyageant en corps ne paient que le quart du tarif, sur la présentation d'une feuille de route spéciale pour les troupes en corps ou en détachement.

Art. 21.

En dehors de ces conditions, et sauf la présentation d'un BON DE REMISE DE DEMI-PLACE signé par le Directeur et le Chef de l'Exploitation, aucune diminution n'est faite sur le prix des places. Les Employés engageraient leur responsabilité en prenant sur eux de déférer à des demandes de cette nature, quelle que soit l'autorité par laquelle ces demandes soient formées.

Art. 22.

Les réquisitions régulières émanant des autorités civiles, militaires ou administratives sont admises, mais seulement lorsqu'elles garantissent à la Compagnie le remboursement du prix de transport.

Ces réquisitions doivent indiquer l'effectif exact du personnel et le détail des bagages et du matériel transportés; elles sont envoyées à l'Inspecteur principal, revêtues d'un l'acquit constatant que le transport a été effectué.

§ IV.

TRANSPORT GRATUIT DES BAGAGES.

Art. 23.

Les Employés nommés à un emploi ou envoyés à une destination quelconque qui nécessite un déplacement, ont droit, avec le permis de circulation, pour eux, leur femme et leurs enfants, au transport gratuit de leur mobilier ou de leurs bagages. Ce transport gratuit doit être spécialement autorisé par un bon de remise, signé par le Directeur ou le Chef de l'Exploitation.

En grande vitesse, l'expédition est faite en *port payé* contre la remise du bon, entre les mains du Chef de la station expéditrice, qui en fait l'envoi avec ses pièces de comptabilité.

En petite vitesse, l'expédition est taxée au départ, mais livrée *franco* par la station destinataire sur la présentation du bon de remise, retenu par elle pour être joint à la lettre de voiture versée en compte courant.

Art. 24.

Sauf le cas où cette autorisation spéciale est accordée, les permis de circulation gratuite ne donnent droit, comme les billets de place, qu'au transport gratuit de 30 kilogrammes de bagages. Tout excédant est taxé au tarif ordinaire de la Compagnie.

Art. 25.

La franchise de 30 kilogrammes attribuée aux permis de circulation est particulière aux bagages personnels du titulaire, et n'est, dans aucun cas, applicable au transport d'objets de messagerie, tels que fruits, gibier et autres marchandises, ces transports devant être soumis à la taxe et enregistrés suivant les formes ordinaires.

Toute contravention à ces dispositions sera sévèrement punie, et engagerait directement la responsabilité des Chefs de gare, Facteurs enregistrants et Chefs de train qui l'auraient tolérée.

§ V.

CONTROLE.

Art. 26.

Le contrôle des permis permanents et des permis à temps

limité est fait au bureau de la Direction, qui en régularise la délivrance et tient un état des permis délivrés et des noms et qualités des titulaires.

ART. 27.

Le Chef du bureau de la Direction doit, en conséquence, faire rentrer, aussitôt après leur expiration, les permis permanents ou à temps limité qui ont été délivrés.

Les permis des deux catégories ci-dessus, retirés par les gares et stations, sont joints au rapport, pour être adressés au bureau de la Direction.

ART. 28.

Tout permis permanent ou à temps limité dont la date est périmée est nul ; le porteur est, en conséquence, tenu de payer sa place, et le permis doit être retiré, pour être joint au rapport avec une mention particulière.

ART. 29.

Le contrôle des permis journaliers est également fait au bureau de la Direction.

ART. 30.

Les gares et stations doivent rendre compte, à leur rapport

des permis qu'elles ont délivrés pendant la journée et des motifs de leur délivrance, en joignant toujours les souches à l'appui.

Art. 31.

Tous les permis qui rentrent au bureau de la Direction sont vérifiés avec soin, et collationnés avec les souches, pour établir s'ils ont été régulièrement délivrés. Les permis pour lesquels il y a doute sont remis au Directeur.

Art. 32.

Il est présenté au Directeur, à la fin de chaque mois, un état statistique des permis délivrés par chaque service. Les permis rentrés sont ensuite brûlés, ainsi que les souches dont ils ont été détachés.

Art. 33.

Le contrôle des permis et des billets de demi-place est fait par les Contrôleurs au départ et à l'arrivée.

Ils prennent en note, au départ, les numéros des permis permanents ou à temps limité, et des permis journaliers qui leur sont présentés, et retirent, à l'arrivée, des mains des permissionnaires, les permis journaliers ou les cartes périmées, conformément à l'art. 28 ci-dessus. Le résultat de ce contrôle est constaté au rapport journalier.

Art. 34.

Les Chefs, Sous-Chefs de gare et Contrôleurs au départ et à l'arrivée doivent, lorsqu'un billet à prix réduit leur est présenté, exiger du porteur de ce billet communication de la feuille de route, du passeport, du bon de remise ou de l'*obédience* (ces deux dernières pièces doivent toujours être retirées à l'arrivée) en vertu duquel le billet a dû être délivré. Si ces pièces ne paraissent pas régulières, ou si, à un titre quelconque, la délivrance du billet à prix réduit ne semble pas justifiée, il doit en être rendu compte au rapport, avec indication du numéro du train, de la gare qui a délivré le billet et des circonstances particulières donnant lieu à ces observations.

NAPOLÉON CHAIX ET Cie

ORDRE GÉNÉRAL

N° 26

RÉGLANT

L'ÉCHELLE ET LE MODE DE VERSEMENT DES CAUTIONNEMENTS.

Article premier.

Conformément aux décisions du Conseil d'administration de la Compagnie, tout Employé dont les fonctions peuvent entraîner une responsabilité pécuniaire est tenu de fournir un cautionnement en rapport avec l'importance de cette responsabilité.

Art. 2.

En conséquence de cette décision, les Chefs de gare, Sous-Chefs de gare, Chefs de station, Chefs des bureaux spéciaux de la Compagnie à Paris et en province, Receveurs, Chefs de nuit, Chefs de train, Facteurs-Chefs, Facteurs enregistrants, Employés aux marchandises, Facteurs aux bagages et à la messagerie, Gardes-freins, Garçons de recettes, Garçons de magasin, Contrôleurs à la sortie, Brigadiers des Sous-Facteurs, Facteurs de ville, Sous-Facteurs, Camionneurs, versent dans la caisse de la

Compagnie un cautionnement destiné à répondre de la bonne gestion des intérêts qui leur sont confiés.

Art. 3.

Le chiffre des cautionnements est déterminé par les Tableaux A et B ci-annexés, d'après la nature des fonctions et la classification de la gare ou station à laquelle appartient l'Employé.

Art. 4.

Le versement du cautionnement est obligatoire pour l'entrée en fonctions de l'Employé.

Art. 5.

Les cautionnements sont versés en espèces, en actions ou obligations de la Compagnie au pair, ou en valeurs acceptées par la Compagnie ; il est délivré à l'ayant droit un récépissé de ces espèces ou valeurs ; les espèces versées dans ces conditions portent intérêt à cinq pour cent, payable chaque semestre.

Art. 6.

Le remboursement du cautionnement n'est exigible par l'Employé que six mois après sa sortie de la Compagnie ; toutefois, il peut en obtenir le retrait, après justification de son *quitus*, sur une décision spéciale du Directeur.

TABLEAU A.

Classification des Gares et Stations.

GARES PRINCIPALES.	
Angers.	Poitiers.
Angoulême.	Roanne.
Blois.	Saumur.
Bordeaux.	Tours.
Bourges.	Vierzon-Ville.
Châteauroux.	Bureau Central à Paris.
Clermont-Ferrand.	
Ivry.	
Libourne.	
Limoges.	
Moulins (Allier).	
Nantes.	
Nevers.	
Orléans.	
Paris.	

GARES SECONDAIRES.

Amboise.

Ancenis.

Argenton.

Beaugency.

Bouray.

Chalais.

Châtellerault.

Corbeil.

Étampes.

Gannat.

Issoudun.

Lamotte-Beuvron.

La Souterraine.

Le Guétin.

Le Pavillon.

Les Ormes.

Port-Boulet.

Riom.

Ruffec.

St-Germain-des-Fossés.

Toury.

Bureaux du Bureau Central à Paris et Bureaux spéciaux de la Compagnie dans les villes de province.

STATIONS DE 1re CLASSE.

Angerville.

Chalonnes-St-Georges.

Choisy-le-Roi.

Civray.

Couhé-Vérac.

Coutras.

Étréchy.

Juvisy.

La Guerche.

La Ménitré.

Langeais.

La Roche-Chalais.

Luxé.

Marolles.

Mer.

Meung.

Montmoreau.

Nérondes.

Port-de-Piles.

Salbris.

Ste-Maure.

St-Michel.

St-Pierre-le-Moustier.

Varennes (Allier).

Vivonne.

Bureaux succursales du Bureau Central, à Paris.

STATIONS DE 2e CLASSE.

Artenay.

Avor.

Choisy (Bestiaux).

Cinq-Mars.

Épinay-sur-Orge.

Ingrandes-sur-Loire.

La Chapelle-sur-Loire.

La Ferté-St-Aubin.

La Grave-d'Ambarès.

La Tricherie.

Les Rosiers.

Mehun-sur-Yièvre.

Ménars.

Monnerville.

Montlouis.

Mouthiers.

Reuilly.

Trélazé.

Varades.

Varennes-sur-Loire.

Vernou.

Vierzon-Forges.

Villeperdue.

Vouvray.

STATIONS DE 3e CLASSE

Ablon.	Éguzon.
Aigueperse.	Évry.
Ambazac.	Foëcy.
Arveyres.	Forgevieille.
Athis-Mons.	Fromental.
Bengy.	Hauterive.
Bersac.	Ingrandes-sur-Vienne.
Bessay.	La Bohalle.
Brétigny.	La Chapelle-St-Mesmin.
Celon.	La Couronne.
Cercottes.	La Jonchère.
Chabenet.	La Pointe.
Champtocé.	La Poisonnière.
Charmant.	Lardy.
Chasseneuil.	Les Barres.
Chéry.	Les Forges.
Chevilly.	Ligugé.
Chousy.	Limeray.
Clan.	Lormont.
Clermont-sur-Loire.	Lothiers.
Créchy.	Luant.
Dangé.	Marmagne.
Dissais.	Mars.

SUITE DES STATIONS DE 3e CLASSE.

Mauves.
Monts.
Moulins-sur-Yèvre.
Moussac.
Neuvy-Pailloux.
Noisay.
Nouan-le-Fuselier.
Onzain.
Oudon.
Ris-Orangis.
Savigny-en-Septaine.
Savigny-sur-Orge.
Savonnières.
St-Ay.
St-Denis.
Ste-Lizaigne.
Ste-Luce.
St-Imbert.
St-Loubès.
St-Martin.
St-Mathurin.
St-Patrice.
St-Sulpice-d'Igon.
Theillay.
Thouaré.
Vars.
Vayres.
Vaussugian.
Villeneuve-sur-Allier.

TABLEAU **B.** — **Échelle des Cautionnements.**

DÉSIGNATION DES EMPLOIS.	GARES PRINCIPALES	GARES SECONDAIRES	STATIONS DE 1re CLASSE.	STATIONS DE 2e CLASSE.	STATIONS DE 3e CLASSE.
	francs.	francs.	francs.	francs.	francs.
Chefs de gare	3,000	2,000	1,500	1,000	500
Sous-Chefs de gare.	2,000	1,000	»	»	»
Receveurs.	3,000	2,000	»	»	»
Chefs de nuit	2,000	500	500	500	»
Employés principaux aux marchandises.	2,000	1,000	»	»	»
Employés aux marchandises. . . .	1,000	1,000	1,000	»	»
Facteurs-Chefs	2,000	1,000	1,000	»	»
Facteurs enregistrants.	1,500	1,000	1,000	»	»
Facteurs aux bagages et à la messagerie.	500	500	500	500	»
Garçons de recettes	2,000	»	»	»	»
Garçons de magasin	1,000	»	»	»	»
Contrôleurs à la sortie	500	500	»	»	»
Brigadiers des Sous-Facteurs . . .	2,000	»	»	»	»
Facteurs de ville	2,000	»	»	»	»
Sous-Facteurs	200	200	200	200	»
Camionneurs.	200	200	200	»	»
Chefs de train	2,000	»	»	»	»
Gardes-freins.	500	»	»	»	»

ORDRE GÉNÉRAL N° 27

RÉGLANT LA TENUE UNIFORME

DES EMPLOYÉS DES GARES ET STATIONS ET DES TRAINS.

---

§ Ier.

INSPECTEURS ET CHEFS DES GARES PRINCIPALES.

Tenue d'hiver.

Redingote en drap bleu de roi, de forme bourgeoise, à deux rangs de cinq boutons de soie noire unis; deux boutons derrière la taille; basques unies, sans poches sur le côté, tombant à 10 centimètres au-dessus du genou.

Gilet en casimir noir à châle.

Pantalon en drap bleu de roi à brayette.

Col-cravate en soie noire.

Paletot en drap bleu de roi doublé de noir.

Casquette en drap bleu de roi brodée en or, sur le devant, de deux branches de chêne séparées par une étoile.

Tenue d'été.

La même que la tenue d'hiver, sauf le pantalon, qui sera en coutil gris.

Grande tenue.

La même que la petite tenue, sauf le gilet, qui sera en piqué blanc hiver et été, et le pantalon, qui sera blanc pour la tenue d'été.

§ II.

CONTROLEURS DU MOUVEMENT, CHEFS DES GARES SECONDAIRES, CHEFS DE BUREAU DES BUREAUX SPÉCIAUX DE LA COMPAGNIE DANS LES VILLES DE PROVINCE ET DU BUREAU CENTRAL, A PARIS.

Tenue d'hiver.

Redingote en drap bleu de roi, forme bourgeoise, à deux rangs de cinq boutons de soie noire unis; deux boutons derrière la taille; palmes de cinq feuilles de chêne brodées or et argent mêlés, de chaque côté du collet; basques unies, sans poches sur le côté, tombant à 10 centimètres au-dessus du genou.

Gilet en casimir noir à châle.

Pantalon en drap bleu de roi à brayette.

Col-cravate en soie noire.

Paletot en drap bleu de roi doublé de noir.

Casquette en drap bleu de roi, brodé sur le devant, or et argent mêlés, de deux branches de chêne séparées par une étoile.

Caban avec capuchon en drap bleu de roi doublé pareil, bordé, ainsi que le capuchon, les poches et les manches, d'une large ganse, galon laine noire. Le caban fermé par quatre ganses à nœuds avec olives laine noire.

Nota. Le caban n'est pas obligatoire pour les chefs de bureau des bureaux spéciaux et du bureau central.

Tenue d'été.

La même que la tenue d'hiver, sauf le pantalon, qui sera de coutil gris.

Grande tenue.

La même que la petite tenue, sauf le gilet, qui sera en piqué blanc hiver et été, et le pantalon, qui sera blanc pour la tenue d'été.

§ III.

SOUS-CHEFS DES GARES PRINCIPALES.

Tenue d'hiver.

Redingote en drap bleu de roi, de forme bourgeoise, à deux rangs de cinq boutons dorés mat à l'uniforme de la Compagnie ; deux boutons derrière la taille. Palmes de cinq feuilles de chêne brodées or et argent mêlés, de chaque côté du collet. Basques unies, sans poches sur le côté, tombant à 10 centimètres au-dessus du genou.

Gilet en drap bleu de roi, forme droite, avec un seul rang de boutons dorés mat à l'uniforme de la Compagnie.

Pantalon en drap bleu de roi à brayette.

Col-cravate en soie noire.

Paletot par-dessus en drap bleu de roi doublé de noir, sans poches sur le côté, boutons et broderies comme sur la redingote d'uniforme.

Casquette à fond soutenu par des nervures en drap bleu de roi, brodée sur le devant en or et argent mêlés, de deux branches de chêne séparées par une étoile.

Caban de nuit, avec capuchon en drap bleu de roi doublé pareil, avec palmes à trois branches or et argent brodées de chaque côté du capuchon. Le caban fermé par quatre ganses à nœuds avec olives en laine noire. Le caban, le capuchon, les poches et les manches bordés d'une large ganse galon laine noire.

Tenue d'été.

La même que la tenue d'hiver, sauf le pantalon, qui sera de coutil gris.

Grande tenue.

La même que la petite tenue, sauf le gilet, qui sera en piqué blanc hiver et été, et le pantalon, qui sera blanc pour la grande tenue d'été.

Nota. Les Sous-Chefs de gare portent moustaches et impériale.

§ IV.

RECEVEURS.

Tenue d'hiver.

Redingote en drap bleu de roi, de forme bourgeoise, à deux rangs de cinq boutons argent à l'uniforme de la Compagnie, deux boutons derrière la taille; basques unies, sans poches sur le côté, tombant à 10 centimètres au-dessus du genou.

Gilet en drap bleu de roi, de forme droite, avec un seul rang de boutons argent à l'uniforme de la Compagnie.

Pantalon en drap bleu de roi, à brayette.

Col-cravate en soie noire.

Paletot en drap bleu de roi, doublé de noir.

Casquette en drap bleu de roi à fond soutenu par des nervures, brodée sur le devant d'une étoile d'argent; sous-gorge en ganse d'argent d'un centimètre de largeur, à coulisse et fixée de chaque côté par un bouton argenté à l'uniforme de la Compagnie.

Tenue d'été.

Pantalon en coutil gris.

Grande tenue d'été.

Pantalon en coutil blanc.

Nota. Les Receveurs ne portent ni moustaches ni impériale.

§ V.

CHEFS DE STATION, CHEFS DE NUIT, SOUS-CHEFS DES GARES SECONDAIRES ET CHEFS DES BUREAUX SUCCURSALES DU BUREAU CENTRAL, A PARIS.

Tenue d'hiver.

Paletot-tunique, forme bourgeoise, en drap bleu de roi, à un seul rang de cinq boutons argentés mat à l'uniforme de la Compagnie ; palmes de cinq feuilles de chêne, brodées en argent, de chaque côté du collet ; deux boutons derrière la taille ; basques unies, sans poches sur le côté, tombant à 10 centimètres au-dessus du genou.

Pantalon en drap bleu de roi, à brayette et sans plis, tombant sur la botte, sans sous-pied.

Gilet en drap bleu de roi, forme droite, avec un seul rang de boutons argentés mat à l'uniforme de la Compagnie.

Casquette en drap bleu de roi, à fond soutenu par des nervures, garnie sur le tour de tête de deux galons argent mat, d'un centimètre de largeur et séparés d'un centimètre.

Col-cravate en soie noire.

Caban en drap bleu de roi fort, avec capuchon et poches de côté, entièrement bordés d'une large ganse galon laine noire, ainsi que le bas des manches. Nœuds hongrois de laine noire sur chaque manche. Gland en soie noire à la pointe du capuchon. De chaque côté du capuchon, à l'ouverture, une palme à trois dents, avec milieu plain brodé d'argent. Le caban fermé par quatre ganses à nœuds avec olives laine noire. Doublure en molleton de laine bleue de même nuance que le drap.

Pour les Chefs des bureaux succursales du bureau central, le caban est remplacé par le *paletot par-dessus*, en drap bleu de roi, doublé de noir, sans poches sur le côté, deux rangs de cinq boutons argent, à l'uniforme de la Compagnie, broderies comme sur la tunique.

Tenue d'été.

La même que la petite tenue, sauf le gilet et le pantalon, qui seront de coutil gris.

Grande tenue.

La même que la tenue d'hiver, sauf le gilet, qui sera en piqué blanc hiver et été, et le pantalon, qui sera blanc pour la grande tenue d'été.

Nota. Les Chefs de station, Chefs de nuit, Sous-Chefs des gares secondaires et Chefs des bureaux succursales, portent moustaches sans impériale.

§ VI.

FACTEURS-CHEFS.

Tenue d'hiver.

Habit-veste en drap bleu de roi, collet droit échancré sur le devant, brodé en or fin, une grosse baguette tout autour, une dent de loup tout en haut, mat; étoile à paillettes en or dans chaque coin; anglaises à revers larges de 0m,11c par le haut; deux rangées de boutons, sept de chaque côté, les six du bas à égales distances, celui du haut séparé de 0m,02c de plus que les autres. Poitrine plastronnée et bombée; pans ayant 0m,40c de longueur pour une taille ordinaire, arrondis sur le devant; pattes sur les hanches de 0m,055m; deux boutons sur les hanches et deux dans le bas des basques; parements ronds avec une grosse baguette tout autour, brodée en or mat; deux petits boutons, l'un sur la manche, l'autre au parement; boutons dorés à l'uniforme de la Compagnie.

Gilet en drap bleu de roi, droit, avec collet droit échancré du devant, boutonnant jusqu'en haut avec neuf boutons dorés à l'uniforme de la Compagnie.

Pantalon en cuir-laine, bleu de roi, à brayette, poches sur le côté, tombant droit et couvrant la botte, sans sous-pied.

Caban en drap bleu de roi fort, avec capuchon et poches de côté, entièrement bordés d'une large ganse, galon laine noire, ainsi que le bas des manches. Gland en soie noire à la pointe du capuchon. De chaque côté du capuchon, à l'ouverture, une palme à trois dents, avec milieu plain brodé d'or. Le caban fermé par quatre ganses à nœuds avec olives laine noire. Doublure en molleton de laine bleue, pareil au drap.

Col noir, sans faux col.

Casquette en drap bleu de roi, fond plat de 0m,26c de diamètre, bandeau de 0m,05c de hauteur, corps à nervures en drap; visière en cuir verni noir cambrée; jugulaires en chaînettes plaquées en or, attachées par deux boutons dorés à l'uniforme de la Compagnie; sur le derrière, une basane vernie formant couvre-nuque relevé; sur le devant, une étoile avec entourage en or graineté, paillettes et mat.

Tenue d'été.

Pantalon en coutil gris, à brayette, poches sur le côté, tombant droit et couvrant la botte, sans sous-pied.

Grande tenue d'été.

Pantalon en coutil blanc, de même forme que celui ci-dessus.

Nota. Les Facteurs-Chefs ne portent ni moustaches ni impériale.

§ VII.

CONTROLEURS-CHEFS, BRIGADIERS DES SOUS-FACTEURS ET FACTEURS-ENREGISTRANTS.

Tenue d'hiver.

Habit-veste en drap bleu de roi, collet droit, échancré sur le devant, brodé en or fin, une grosse baguette tout autour, une dent de loup tout en haut, mat; étoile à paillettes en or dans chaque coin. Anglaises à revers larges de $0^m,11^c$ par le haut; deux rangées de boutons, sept de chaque côté, les six du bas à égales distances, celui du haut séparé de $0^m,02^c$ de plus que les autres. Poitrine plastronnée et bombée. Pans ayant $0^m,40^c$ de longueur, pour une taille ordinaire, arrondis sur le devant; pattes sur les hanches de de $0^m,055^m$; deux boutons sur les hanches et deux dans le bas des basques; parements ronds; deux petits boutons, l'un sur la manche, l'autre au parement; boutons dorés à l'uniforme de la Compagnie.

Pantalon en cuir-laine, bleu de roi, à brayette, poches sur le côté, tombant droit et couvrant la botte, sans souspied.

Gilet en drap bleu de roi, droit, avec collet droit, échancré du devant, boutonnant jusqu'en haut, avec neuf boutons dorés à l'uniforme de la Compagnie.

Caban en drap bleu de roi fort, avec capuchon et poches de côté, entièrement bordé d'une large ganse, galon laine noire, ainsi que le bas des manches; gland en soie noire à la pointe du capuchon. De chaque côté du capuchon, à l'ouverture, une palme à trois dents, avec milieu plain brodé d'or. Le caban fermé par quatre ganses à nœuds avec olive, laine noire. Doublure en molleton de laine bleue, pareil au drap.

Col noir, sans faux col.

Casquette en drap bleu de roi, fond plat de $0^{m},26^{c}$ de diamètre ; bandeau de $0^{m},05^{c}$ de hauteur, corps à nervures en drap; visière en cuir verni noir cambrée ; jugulaires en chaînettes plaquées en or, attachées par deux boutons dorés à l'uniforme de la Compagnie ; sur le derrière, une basane vernie formant couvre-nuque relevé ; sur le devant de la casquette, une étoile en or graineté paillettes et mat pour les Facteurs-enregistrants ; étoile accompagnée de deux branches minces brodées or mat pour les Contrôleurs-chefs ; initiales de la Compagnie P. O., accompagnées de deux branches minces, brodées or mat pour les Brigadiers des Sous-Facteurs.

Tenue d'été.

Pantalon en coutil gris, à brayette, poches sur le côté, tombant droit et couvrant la botte, sans sous-pied.

Grande tenue d'été.

Pantalon en coutil blanc, de même forme que celui ci-dessus.

Nota. Les Contrôleurs-chefs et les Brigadiers des Sous-Facteurs portent moustaches sans impériale ; les Facteurs-Enregistrants ne portent ni moustaches ni impériale.

§ VIII.

SURVEILLANTS ET GARDIENS-PORTIERS.

Tenue d'hiver.

Capote en drap bleu de roi, collet échancré du devant, fermé par le bas seulement au moyen d'une agrafe ; pattes à trois pointes en drap écarlate au collet, le devant croisé à anglaises larges, portant sept gros boutons de chaque côté ; pattes de côté unies, pattes de derrière à trois pointes; trois gros boutons à chacune des pattes, dont un placé au milieu de la longueur; manches à parements ronds, ouverts sur le côté avec deux petits boutons, dont l'un sur la manche, l'autre sur le parement ; les anglaises formant le rond de la poitrine, boutonnant du haut à 0^{m},01^{c} de l'emmanchure ; par conséquent, la poitrine portant 0^{m},21^{c}; il faut que l'anglaise ait 0^{m},19^{c} du haut et 0^{m},05^{c} du bas. Les six boutons de l'anglaise placés à égales distances, et le septième, celui du haut, à 0^{m},03^{c} de plus. Les pans descendant à 0^{m},08^{c} au-dessous du jarret. Les boutons de la taille à la hauteur des hanches et écartés l'un de l'autre à 0^{m}06^{c}, à partir du milieu de chaque bouton. Boutons dorés à l'uniforme de la Compagnie.

Pantalon en drap bleu de roi, à brayette et sans plis, poches sur la cuisse. Passe-poil écarlate, prenant depuis la ceinture jusqu'en bas; sous-pied en cuir.

Caban en drap bleu de roi fort, avec capuchon et poches de côté entièrement bordés d'une ganse unie laine noire, ainsi que le bas des manches. Gland en soie noire à la pointe du capuchon ; de chaque côté du capuchon, à l'ouverture, une palme à trois dents en laine rouge. Le caban fermé par quatre ganses à nœuds avec olives laine noire. Doublure en molleton de laine bleue, pareil au drap.

Col noir, sans faux col.

Casquette fond plat de 0^{m},28^{c} de diamètre en veau verni ; bandeau de 0^{m},055^{m} de hauteur, également en veau verni ; corps de la casquette en drap bleu de roi, à nervures en baleine; visière en cuir verni noir, avec bordure en cuivre de $0^m,009^m$ de largeur; sous-gorge en cuir verni noir de $0^m,017^m$ de largeur, à coulisse et fixée de chaque côté par un bouton doré à l'uniforme de la Compagnie; un galon en or métallique de $0^m,011^m$ de largeur, sur le milieu du bandeau.

Tenue d'été.

Pantalon en coutil gris, à brayette et sans plis, poches sur la cuisse, sous-pied en cuir.

Grande tenue d'été.

Pantalon en coutil blanc, de même forme que celui ci-dessus.

Nota. Les Surveillants et Gardiens-Portiers portent moustaches sans impériale.

§ IX.

FACTEURS-CONTROLEURS, FACTEURS-RECEVEURS DES STATIONS-BARRIÈRE ET FACTEURS DE NUIT DES STATIONS.

Tenue d'hiver.

Habit-veste en drap bleu de roi, collet droit, échancré sur le devant; étoile brodée en or mat dans chaque coin; anglaises à revers larges de $0^m,11^c$ par le haut; deux rangées de boutons, sept de chaque côté, les six du bas à égales distances, celui du haut séparé de

$0^m,02^c$ de plus que les autres. Poitrine plastronnée et bombée; pans ayant $0^m,40^c$ de longueur pour une taille ordinaire, arrondis sur le devant; pattes sur les hanches de $0^m,055^m$; deux boutons sur les hanches et deux dans le bas des basques; parements ronds; deux petits boutons, l'un sur la manche, l'autre au parement. Boutons dorés à l'uniforme de la Compagnie. Le collet, les anglaises et les parements bordés d'un passe-poil écarlate.

Gilet en drap bleu de roi, droit, avec collet droit, échancré du devant, boutonnant jusqu'en haut avec neuf boutons dorés à l'uniforme de la Compagnie.

Pantalon en cuir-laine, bleu de roi, à brayette, poches sur le côté, tombant droit et couvrant la botte, sans sous-pied.

Caban en drap bleu de roi fort, avec capuchon et poches de côté, entièrement bordés d'une ganse unie laine noire, ainsi que le bas des manches. Gland en soie noire à la pointe du capuchon. De chaque côté du capuchon, à l'ouverture, un trèfle en or mat. Le caban fermé par quatre glands à nœuds avec olives laine noire. Doublure en molleton de laine bleue, pareil au drap.

Col noir, sans faux col.

Casquette en drap bleu de roi, fond plat de $0^m,26^c$ de diamètre, bandeau de $0^m,05^c$ de hauteur, corps à nervures en drap; visière en cuir verni noir cambrée, jugulaires en chaînettes plaquées en or, attachées par deux boutons dorés à l'uniforme de la Compagnie. Sur le derrière, une basane vernie formant couvre-nuque relevé ; sur le devant, une étoile brodée en or mat.

Tenue d'été.

Pantalon en coutil gris, à brayette, sans plis, poches sur le côté, tombant droit et couvrant la botte, sans sous-pied.

Grande tenue d'été.

Pantalon en coutil blanc, de même forme que celui ci-dessus.

Nota. Les Facteurs-Contrôleurs portent moustaches sans impériale.

§ X.

FACTEURS DE PREMIÈRE CLASSE (FACTEURS DES GARES PRINCIPALES) ET FACTEURS DE VILLE.

Tenue d'hiver.

Habit-veste en drap bleu de roi, collet droit, échancré sur le devant ; étoile en poil de chèvre rouge dans chaque coin pour les Facteurs de 1re classe ; initiales de la Compagnie P. O. brodées en or mat pour les Facteurs de ville. Anglaises à revers larges de 0m,11c par le haut, deux rangées de boutons, sept de chaque côté, les six du bas à égales distances, celui du haut séparé de 0m,02c de plus que les autres. Poitrine plastronnée et bombée ; pans ayant 0m,40c de longueur pour une taille ordinaire, arrondis sur le devant ; pattes sur les hanches de 0m,055m ; deux boutons sur les hanches et deux dans le bas des basques ; parements ronds ; deux petits boutons, l'un sur la manche, l'autre au parement. Boutons dorés à l'uniforme de la Compagnie. Le collet, les anglaises et les parements bordés d'un passe-poil écarlate. Plaque à l'uniforme de la Compagnie sur le côté gauche de la veste.

Gilet en drap bleu de roi, droit, avec collet droit, échancré du devant, boutonnant jusqu'en haut, avec neuf boutons dorés à l'uniforme de la Compagnie.

Pantalon en cuir-laine, bleu de roi, à brayette, poches sur le côté, tombant droit et couvrant la botte, sans sous-pied.

Salopette ou pantalon en grosse toile bleu foncé, pour mettre par dessus, pendant le travail.

Paletot-veste (dit vareuse de marine) en gros drap hydrofuge, tombant aux genoux, à deux rangs de boutons devant, quatre de chaque côté et deux sur chaque ouverture des manches ; passe-poil écarlate bordant tout le paletot ; poches sur le côté à hauteur de la main. Doublure en gros molleton bleu foncé. Boutons dorés à l'uniforme de la Compagnie. Dans les angles du collet, étoile en poil de chèvre rouge pour les Facteurs de 1re classe; initiales de la Compagnie P. O., brodées en or mat pour les Facteurs de ville.

Col noir, sans faux col.

Casquette en drap bleu de roi, fond plat de $0^{m},26^{c}$ de diamètre, bandeau de $0^{m},05^{c}$ de hauteur, corps à nervures en drap, visière en cuir verni noir cambrée; jugulaires en chaînettes plaquées en or, attachées par deux boutons dorés à l'uniforme de la Compagnie. Sur le derrière, une basane vernie formant couvre-nuque relevé; sur le devant, une étoile en poil de chèvre rouge, pour les Facteurs de 1re classe; initiales de la Compagnie P. O., brodées en or mat pour les Facteurs de ville.

Tenue d'été.

Pantalon en coutil bleu rayé, à brayette, une bande bleue de $0^{m},03^{c}$ de largeur sur les coutures, poches sur le côté, tombant droit et couvrant la botte, sans sous-pied.

Nota. Les Facteurs de 1re classe et les Facteurs de ville ne portent ni moustaches ni impériale.

§ XI.

FACTEURS DE SECONDE CLASSE (FACTEURS DES STATIONS).

Tenue d'hiver.

Veste ronde en drap bleu de roi, croisée, à deux rangs de boutons, sept de chaque côté; collet droit, échancré, avec une étoile en poil de chèvre rouge dans chaque coin; poches avec pattes; parements ouverts, avec deux petits boutons, dont un sur la manche et l'autre sur le parement. Passe-poil écarlate au collet, aux anglaises, aux poches et aux parements. Boutons dorés à l'uniforme de la Compagnie. Plaque en cuivre doré à l'uniforme de la Compagnie, sur le côté gauche de la veste.

Gilet en drap bleu de roi, droit, avec collet droit échancré du devant, boutonnant jusqu'en haut, avec neuf boutons dorés à l'uniforme de la Compagnie.

Pantalon en cuir-laine, bleu de roi, à brayette, poches sur le côté, tombant droit et couvrant la botte, sans souspied.

Salopette ou pantalon en grosse toile bleu foncé, pour mettre par dessus, pendant le travail.

Paletot-veste (dit vareuse de marine) en gros drap hydrofuge, tombant aux genoux, à deux rangs de boutons devant, quatre de chaque côté et deux sur chaque ouverture des manches; passe-poil écarlate bordant tout le paletot; poches sur le côté à hauteur de la main. Doublure en gros molleton bleu foncé. Boutons dorés à l'uniforme de la Compagnie.

Col noir, sans faux col.

Casquette en drap bleu de roi, fond plat de $0^m,26^c$ de diamètre, bandeau de $0^m,05^c$ de hauteur, corps à nervures en drap, visière en cuir verni noir cambrée; jugulaires en chaînettes plaquées en or, attachées par deux boutons dorés à l'uniforme de la Compagnie; sur le derrière, une basane vernie formant couvre-nuque relevé; sur le devant, une étoile en poil de chèvre rouge.

Tenue d'été.

Pantalon en coutil bleu rayé, à brayette, une bande bleue de $0^m,03^c$ de largeur sur les coutures; poches sur le côté, tombant et couvrant la botte, sans sous-pied.

Nota. Les Facteurs de 2e classe ne portent ni moustaches ni impériale.

§ XII.

SOUS-FACTEURS.

Tenue d'hiver.

Veste ronde en drap bleu de roi, croisée, à deux rangs de boutons, sept de chaque côté, collet droit, échancré, avec initiales de la Compagnie P. O., en poil de chèvre rouge, dans chaque coin; poches avec pattes, parements ouverts avec deux petits boutons, dont l'un sur la manche et l'autre sur le parement; passe-poil écarlate au collet, aux anglaises, aux poches et aux parements. Boutons en cuivre à l'uniforme de la Compagnie. Plaque en cuivre à l'uniforme de la Compagnie, avec le numéro d'ordre, sur le côté gauche de la veste.

Bourgeron en grosse toile bleue, pour mettre par-dessus, pendant le travail.

Gilet en drap bleu de roi, droit, avec collet droit, échancré du devant, boutonnant jusqu'en haut, avec neuf boutons en cuivre à l'uniforme de la Compagnie.

Pantalon en cuir-laine fort, bleu de roi, à brayette, poches sur le côté, tombant droit et couvrant la botte, sans sous-pied.

Salopette ou pantalon en grosse toile bleue, pour mettre par-dessus, pendant le travail.

Paletot-veste (dit vareuse de marine), en gros drap hydrofuge, tombant aux genoux, à deux rangs de boutons devant, quatre de chaque côté et deux sur chaque ouverture des manches; passe-poil écarlate bordant tout le paletot; poches sur le côté, à hauteur de la main. Doublure en gros molleton bleu foncé. Boutons en cuivre à l'uniforme de la Compagnie.

Col noir, sans faux col.

Casquette tombante, façon képy, avec initiales de la Compagnie P. O., en poil de chèvre rouge sur le devant et une étoile en poil de chèvre rouge sur le fond; sous-gorge en cuir verni à coulisse et fixée de chaque côté par un bouton en cuivre à l'uniforme de la Compagnie.

Tenue d'été.

Pantalon en coutil bleu, rayé, à brayette, une bande bleue de $0^{m},03^{c}$ de largeur sur les coutures; poches sur le côté, tombant droit et couvrant la botte, sans sous-pied.

Nota. Les Sous-Facteurs ne portent ni moustaches ni impériale.

§ XIII.

CHEFS D'ÉQUIPE, SOUS-CHEFS D'ÉQUIPE, HOMMES D'ÉQUIPE, GAZIERS ET LAMPISTES.

Bourgeron en toile bleue, avec collet de $0^{m},20^{c}$ de large, bordé de deux liserés blancs, rabattu sur la cravate; l'ouverture du bourgeron fermée par deux nœuds de ruban de fil blanc.

Cravate en mérinos noir, nouée à la Colin, avec les bouts rentrés sous le bourgeron.

Pantalon en toile bleue.

Ceinturon en cuir noir, avec plaque en cuivre portant en relief les initiales de la Compagnie P O. (Ce ceinturon doit toujours être serré par-dessus le bourgeron.)

Paletot en gros drap hydrofuge, à deux rangées de gros boutons noirs en os; poches sur le côté, à hauteur de la main; étoile brodée sur chaque côté du collet, en or pour les Chefs d'équipe, en argent pour les Sous-Chefs d'équipe; en poil de chèvre rouge, pour les hommes d'équipe, les Gaziers et les Lampistes.

Souliers et bas bleu.

Casquette fond plat, de $0^m,28^c$ de diamètre, en cuir verni noir; bandeau de $0^m,055^m$ de hauteur, également en cuir verni; corps de la casquette en drap bleu de roi, visière en cuir verni, avec sous-gorge de $0^m,017^m$ de largeur, à coulisse et fixée de chaque côté par un bouton doré à l'uniforme de la Compagnie. Sur le devant, une étoile avec entourage brodés en or pour les Chefs d'équipe; même broderie en argent pour les Sous-Chefs d'équipe; étoile en or sans broderie pour les Gaziers et Lampistes; en poil de chèvre rouge pour les hommes d'équipe.

Nota. Les Chefs et Sous-Chefs d'équipe portent moustaches sans impériale; les Gaziers, Lampistes et hommes d'équipe ne portent ni moustaches ni impériale. Les hommes d'équipe doivent changer de linge les jeudi et dimanche. Le bourgeron et le pantalon doivent être blanchis au moins une fois par semaine, et être portés sans déchirures ni rapiéçages; les souliers doivent être cirés chaque jour.

§ XIV.

CHEFS DE TRAIN (VOYAGEURS ET MARCHANDISES).

Tenue d'hiver.

Veste en drap bleu de roi, couvrant les hanches à 0m,03c au-dessous du défaut de la taille; quatre pattes à trois pointes de chaque côté, à distances égales, ayant 0m,15c de largeur, brodées d'une tresse plate noire de 29 fuseaux; boutonnières à gauche et boutons de soie façonnés et bombés (dits hussards) à droite. Ladite veste bordée tout autour sur les manches, les pattes des poches, les contours du dos et sabots, avec de la tresse plate noire, en poil de chèvre de 37 fuseaux; les pattes des poches ont une double tresse jointive ayant 0m,20c de longueur; les parements en pointe avec double tresse plate, comme les maréchaux-de-logis de hussards; ces tresses portent 0m,22c de l'extrémité des parements à la pointe; les sabots formant la continuité de la tresse plate du dos sont appliqués sur drap; une fleur chamarrée en soutache, poil de chèvre noir, dans le bas du dos, entre les deux sabots, ayant 0m,17c de longueur. Le collet échancré devant, brodé en argent mat d'une grosse baguette tout autour, dents de loup en haut; une étoile à paillettes en argent dans chaque coin. Plaque en argent, à l'uniforme de la Compagnie, sur le côté gauche de la veste.

Gilet en drap bleu de roi, droit, avec collet droit échancré du devant, boutonnant jusqu'en haut, avec neuf boutons argent mat à l'uniforme de la Compagnie.

Pantalon en cuir-laine bleu de roi, à brayette, sans plis, poches sur le côté, tombant droit et couvrant la botte, sans sous-pied.

Pelisse-paletot en gros drap pilote hydrofuge, bleu foncé, doublé entièrement en peau de mouton (dit *rasons*) ; capuchon doublé en molleton bleu foncé et une demi-basane à l'intérieur, jusqu'à hauteur d'oreille, entre les deux étoffes. Manches à parements ronds relevant. Poches de côté à hauteur de la main. Un seul rang de boutons noirs en bois, au nombre de cinq, et une agrafe au capuchon.

Col noir, sans faux col.

Casquette en drap bleu de roi, fond plat de $0^{m},26^{c}$ de diamètre, bandeau de $0^{m},05^{c}$ de hauteur ; corps à nervures en drap, visière en cuir verni noir cambrée ; jugulaires en chaînettes plaquées en argent, attachées par deux boutons argent mat à l'uniforme de la Compagnie ; sur le derrière, une basane vernie formant couvre-nuque relevé ; sur le devant, une étoile avec entourage en argent graineté, paillettes et mat.

Tenue d'été.

Pantalon. en coutil bleu rayé, à brayette, une bande bleue de $0^m,03^c$ de largeur sur les coutures, tombant droit et couvrant la botte, sans sous-pied.

Nota. Les Chefs de train portent moustaches et impériale.

Observations. Les Chefs de train de voyageurs peuvent, pendant le travail, mettre par-dessus leur pantalon une salopette ou pantalon en toile bleu foncé.

Les Chefs de train de marchandises peuvent, pendant le travail, mettre par-dessus leur uniforme un bourgeron ou blouse en toile bleu foncé, et une salopette ou pantalon de travail en même étoffe que la blouse.

§ XV.

GARDES-FREINS (VOYAGEURS ET MARCHANDISES).

Tenue d'hiver.

Veste en drap bleu de roi, couvrant les hanches à $0^m,03$, au-dessous du défaut de la taille; quatre pattes à trois pointes de chaque côté, à distances égales, ayant $0^m,15^c$ de largeur, brodées d'une tresse plate noire de 29 fuseaux; boutonnières à gauche et boutons de soie façonnés et bombés (dits hussards) à droite. Ladite veste bordée tout autour sur les manches, les pattes des poches, les contours du dos et sabots avec de la tresse plate noire en poil de chèvre de 37 fuseaux; les pattes des poches ont une double tresse jointive ayant $0^{m},20^{c}$ de longueur; les parements en pointe avec double tresse plate, comme les maréchaux-de-logis de hussards; ces tresses portent $0^{m},22^{c}$ de l'extrémité des parements à la pointe; les sabots formant la continuité de la tresse plate du dos sont appliqués sur drap; une fleur chamarrée en soutache, poil de chèvre noir, dans le bas du dos, entre les deux sabots, ayant $0^{m},17^{c}$ de longueur; le collet échancré devant, brodé en poil de chèvre rouge, d'une grosse baguette tout autour; dents de loup en haut; une étoile en poil de chèvre rouge dans chaque coin. Plaque en argent, à l'uniforme de la Compagnie, sur le côté gauche de la veste.

Gilet en drap bleu de roi, droit, avec collet droit, échancré du devant, boutonnant jusqu'en haut, avec neuf boutons argentés à l'uniforme de la Compagnie.

Pantalon en cuir-laine, bleu de roi, à brayette, sans plis, poches sur le côté, tombant droit et couvrant la botte, sans sous-pied.

Pelisse-Paletot en gros drap pilote hydrofuge, bleu foncé, doublé entièrement en peau de mouton (dit *rasons*); capuchon doublé en molleton bleu foncé, et une demi-basane à l'intérieur, jusqu'à hauteur d'oreille, entre les deux étoffes. Manches à parements ronds relevant. Poches de côté à la hauteur de la main. Un seul rang de boutons noirs en bois, au nombre de cinq, et une agrafe au capuchon.

Col noir, sans faux col.

Casquette en drap bleu de roi, fond plat de 0m,26c de diamètre, bandeau de 0m,05c de hauteur, corps à nervures en drap, visière en cuir verni noir cambrée ; jugulaires en chaînettes plaquées en argent, attachées par deux boutons argentés à l'uniforme de la Compagnie ; sur le derrière, une basane vernie formant couvre-nuque relevé ; sur le devant, une étoile avec entourage en poil de chèvre rouge.

Tenue d'été.

Pantalon en coutil bleu rayé, à brayette, une bande bleue de 0m,03c de largeur sur les coutures, tombant droit et couvrant la botte, sans sous-pied.

Nota. Les Gardes-freins portent moustaches sans impériale.

Observations. Les Gardes-freins de voyageurs doivent, en service, porter des gants en tissu gris suivant modèle.

Les Gardes-freins de marchandises peuvent, pendant le travail, mettre par-dessus leur uniforme un bourgeron ou blouse en toile bleu foncé, et une salopette ou pantalon de travail en même étoffe.

§ XVI.

AIGUILLEURS.

Chapeau rond à larges bords en feutre gris, bordé de drap bleu de roi, et entouré d'une bande de même drap, portant sur le devant une plaque en cuivre avec le mot *Aiguilleur*, surmonté d'un numéro matricule.

Blouse bleue, à pièce, en coton croisé, avec collet rabattu, bordé d'un liseré noir et portant les initiales de la Compagnie P.O., en cuivre ; garniture de boutons en cuivre aux mêmes initiales.

Pantalon en coutil de coton, rayé bleu, avec passepoil rouge.

Id. en drap de troupe, bleu de roi, avec passepoil rouge.

Vêtement par-dessus en peau de chèvre.

Ceinturon en cuir noir avec boucle en cuivre.

Nota. Les aiguilleurs portent moustaches sans impériale.

Observations. Les effets d'uniforme sont exclusivement fournis par le service de la voie aux Aiguilleurs, qui en paient le prix au moyen de retenues mensuelles faites par la Compagnie sur leur solde.

§ XVII.

CAMIONNEURS DES GARES PRINCIPALES.

Casquette à fond plat, en cuir verni noir, bandeau également en cuir verni, corps de la casquette en drap bleu de roi, visière en cuir verni, plaque en cuivre sur le devant, portant ces mots : *Chemin de fer d'Orléans*, et au dessus le numéro attribué à l'employé.

Blouse bleue, à pièce, en coton croisé avec collet rabattu, bordé d'un liseré rouge et portant les initiales de la Compagnie P. O, brodées en poil de chèvre également rouge.

Pantalon en coutil de coton rayé bleu.

Nota. Les camionneurs ne portent ni moustaches ni impériale.

§ XVIII.

CONDUCTEURS ET COCHERS DES OMNIBUS ET VOITURES SPÉCIALES EN CORRESPONDANCE AVEC LE CHEMIN DE FER.

Tenue d'hiver.

Veste en drap bleu de roi, couvrant les hanches à $0^m,03^c$ au-dessous du défaut de la taille ; quatre pattes à trois pointes de chaque côté, à distances égales, ayant $0^m,15^c$ de largeur, brodées d'une tresse plate noire de 29 fuseaux ; boutonnières à gauche et boutons de soie façonnés et bombés (dits hussards) à droite. Ladite veste bordée tout autour sur les manches, les pattes des poches, les contours du dos et sabots, avec de la tresse plate noire en poil de chèvre de

37 fuseaux ; les pattes des poches ont une double tresse jointive ayant 0m,20c de longueur ; les parements en pointe avec double tresse plate, comme les maréchaux-de-logis de hussards ; ces tresses portent 0m,22c de l'extrémité des parements à la pointe ; les sabots formant la continuité de la tresse plate du dos sont appliqués sur drap ; une fleur chamarrée en soutache, poil de chèvre noir, dans le bas du dos, entre les deux sabots, ayant 0m,17c de longueur ; le collet échancré devant, brodé tout autour en poil de chèvre bleu clair, d'une grosse baguette ; dents de loup en haut ; initiales de la Compagnie P. O, également en poil de chèvre bleu clair, dans chaque coin. Plaque en argent sur le côté gauche de la veste, portant : *Omnibus et correspondances* avec numéro d'ordre découpé.

Gilet en drap bleu de roi, droit, avec collet droit, échancré du devant, boutonnant jusqu'en haut, avec neuf boutons argentés à l'uniforme de la Compagnie.

Pantalon en cuir-laine, bleu de roi, à brayette, sans plis, poches sur le côté, tombant droit et couvrant la botte, sans sous-pied.

Pelisse-paletot en gros drap pilote hydrofuge, bleu foncé, doublé entièrement en peau de mouton (dit *rasons*) ; capuchon doublé en molleton bleu foncé, et une demi-basane à l'intérieur, jusqu'à hauteur d'oreille, entre les deux étoffes. Manches à parements ronds relevant. Poches de côté à la hauteur de la main. Un seul rang de boutons noirs en bois, au nombre de cinq, et une agrafe au capuchon.

Col noir, sans faux col.

Casquette fond plat, en cuir verni, de 0m,26c de diamètre, bandeau de 0m,05c de hauteur, corps à nervures en cuir verni; visière en cuir verni noir cambrée; jugulaires en chaînettes plaquées en argent, attachées par deux boutons argentés à l'uniforme de la Compagnie; sur le derrière, une basane vernie formant couvre-nuque relevée; sur le devant, initiales de la Compagnie P.O., avec entourage en poil de chèvre bleu clair, comme au collet de la veste.

Tenue d'été.

Pantalon en coutil bleu rayé, à brayette, une bande bleue de 0m,03c de largeur sur les coutures, tombant droit et couvrant la botte, sans sous-pied.

Nota. Les Conducteurs et Cochers d'omnibus ne portent ni moustaches ni impériale.

§ XIX.

FACTEURS DES BUREAUX SPÉCIAUX DE LA COMPAGNIE DANS LES VILLES DE PROVINCE, DU BUREAU CENTRAL ET DES BUREAUX SUCCURSALES, A PARIS.

Tenue d'hiver.

Habit-veste en drap bleu de roi, collet droit, échancré sur le devant, garni de chaque côté des initiales de la Compagnie P. O, brodées en poil de chèvre bleu clair, avec cordon à dents de loup autour du collet, également en poil de chèvre bleu clair. Anglaises à revers larges de 0m,11c par le haut; deux rangées de boutons, sept de chaque côté, les six du bas à égales distances, celui du haut séparé de 0m,02c de plus que les autres. Poitrine plastronnée et bombée; pans ayant 0m,40c de longueur pour une taille ordinaire, arrondis sur le devant; pattes sur les hanches de 0m,055m; deux boutons sur les hanches et deux dans le bas des basques; parements ronds; deux petits boutons, l'un sur la manche, l'autre au parement, Boutons dorés à l'uniforme de la Compagnie. Le collet, les anglaises et les parements bordés d'un passe-poil grenat. Plaque à l'uniforme de la Compagnie, en cuivre doré, sur le côté gauche de la veste.

Gilet en drap bleu de roi, droit, avec collet droit échancré du devant, boutonnant jusqu'en haut, avec neuf boutons dorés à l'uniforme de la Compagnie.

Pantalon en cuir-laine, bleu de roi, à brayette, poches sur le côté, tombant droit et couvrant la botte, sans sous-pied.

Salopette ou pantalon en grosse toile bleu foncé, pour mettre par-dessus, pendant le travail.

Paletot-veste (dit vareuse de marine), en gros drap hydrofuge, tombant aux genoux, à deux rangs de boutons devant, quatre de chaque côté et deux sur chaque ouverture des manches ; passe-poil grenat bordant tout le paletot ; poches sur le côté à hauteur de la main. Doublure en gros molleton bleu foncé. Boutons dorés à l'uniforme de la Compagnie. Initiales de la Compagnie P. O., brodées en poil de chèvre bleu clair sur le collet.

Col noir, sans faux col.

Casquette fond plat de $0^m,26^c$ de diamètre, bandeau de $0^m,05^c$ de hauteur, corps à nervures en cuir verni ; visière en cuir verni noir cambrée ; jugulaires en chaînettes plaquées en or, attachées par deux boutons dorés à l'uniforme de la Compagnie ; sur le derrière, une basane vernie formant couvre-nuque relevé ; sur le devant, initiales de la Compagnie en poil de chèvre, bleu clair, comme au collet de la veste.

Tenue d'été.

Pantalon en coutil bleu rayé, à brayette, une bande bleue de $0^m,03^c$ de largeur sur les coutures, poches sur le côté, tombant droit et couvrant la botte, sans sous-pied.

Nota. Les Facteurs ne portent ni moustaches ni impériale.

§ XX.

EMPLOYÉS DE BUREAU DES GARES DE MARCHANDISES ET EMPLOYÉS A L'ESSAI.

Les Employés des gares de marchandises et les Employés à l'essai pour les fonctions de Sous-Chefs de gare, Receveurs et Facteurs enregistrants sont astreints à la tenue suivante :

Redingote ou *habit-veste* bleu foncé, avec boutons noirs unis.

Pantalon bleu foncé ou noir.

Gilet bleu foncé ou noir.

Cravate noire.

Casquette en drap bleu, garnie sur le tour de la tête d'un seul liseré argent.

Les hommes mis à l'essai pour les fonctions de Facteurs et de Gardes-freins portent la tenue des hommes d'équipe, § XIII.

Nota. Les employés de bureau des gares de marchandises et les employés à l'essai, ne portent ni moustaches ni impériale.

§ XXI.

AGENTS CHARGÉS DE LA VENTE DES LIVRES ET JOURNAUX DANS LES GARES.

Tunique en drap bleu de roi, à un seul rang de neuf boutons dorés à l'uniforme de la Compagnie; étoile brodée en or au collet.

Pantalon en drap bleu de roi, à brayette et sans plis, tombant sur la botte, sans sous-pied.

Casquette en drap bleu de roi, à fond soutenu par des nervures, brodée sur le devant d'une étoile d'or; sous-gorge en ganse d'or de $0^m,01^c$ de largeur, à coulisse et fixée de chaque côté par un bouton doré à l'uniforme de la Compagnie.

Tenue d'été.

Pantalon en coutil gris.

Grande tenue d'été.

Pantalon en coutil blanc.

Nota. Les Agents-Vendeurs ne portent ni moustaches ni impériale.

---

§ XXII.

FOURNITURE DES PLAQUES ET BOUTONS.

Les plaques sont fournies par la Compagnie aux agents dont l'emploi comporte cette marque distinctive, laquelle est d'obligation absolue dans le service. Elle en retient le prix et le rembourse lorsque la plaque est rendue par l'employé quittant ses fonctions pour une cause quelconque.

Les boutons d'uniforme sont aussi exclusivement fournis par la Compagnie à tous les agents, qui doivent en payer le prix.

NAPOLÉON CHAIX ET Cie

ORDRE GÉNÉRAL N° 28

RÉGLANT

LE SERVICE DE SANTÉ.

CHAPITRE PREMIER.

ORGANISATION DU SERVICE.

ARTICLE PREMIER.

Le Service de Santé est centralisé, à Paris, par un médecin principal, nommé par le Conseil d'administration de la Compagnie. Il est divisé en circonscriptions médicales confiées aux soins de médecins nommés également par le Conseil, sur la proposition du Directeur, et résidant à la proximité d'une station.

Des médecins consultants ou honoraires peuvent, en outre, être nommés par le Conseil, lorsque les circonstances justifient cette disposition exceptionnelle.

Nul ne peut être nommé médecin de la Compagnie, s'il n'est docteur en médecine.

Dans les circonscriptions où le Service est trop chargé, le

1

Directeur peut, sur le rapport du médecin principal, proposer la nomination d'un médecin adjoint.

Les fonctions de médecin adjoint peuvent être définitives, ou seulement temporaires.

Les médecins adjoints peuvent être choisis, soit parmi les docteurs en médecine, soit parmi les officiers de santé légalement autorisés à exercer.

La résidence et les limites du service des médecins de circonscription sont déterminées par un tableau spécial dressé chaque année dans le courant du mois de janvier, par le médecin principal et approuvé par le Directeur.

ART. 2.

Les attributions des médecins de la Compagnie sont les suivantes :

1° S'assurer de l'état de santé et de la constitution des employés avant leur admission ;

2° Constater et soigner leurs maladies pendant la durée de leurs fonctions ;

3° Pourvoir à toutes les mesures nécessaires en cas d'accident sur la ligne.

4° Rechercher et proposer les dispositions utiles pour améliorer, s'il y a lieu, les conditions hygiéniques des établissements et du personnel;

5° Surveiller l'emploi et le bon entretien des dépôts de médicaments, ainsi que des boîtes de secours et autres appareils du service de santé.

CHAPITRE II.

ADMISSION DES EMPLOYÉS. — CONGÉS DE CONVALESCENCE.

ART. 3.

Aucun employé nouveau ne sera admis à entrer en fonctions, s'il n'a passé la visite du médecin de la Compagnie et s'il n'a été constaté que son état de santé est bon et que sa constitution offre les garanties nécessaires à l'emploi qui lui est destiné.

Ce certificat, dressé conformément au modèle imprimé n° 186, doit être exigé par le Chef du service auquel on adresse l'employé, et transmis, par ses soins, au Directeur, pour classement au dossier du personnel.

ART. 4.

Les employés ne peuvent obtenir de congés pour cause de maladie ou de convalescence que sur la présentation d'un certificat délivré par le médecin de la Compagnie.

CHAPITRE III.

TRAITEMENT DES EMPLOYÉS MALADES.

---

§ Ier.

CONSULTATIONS ET VISITES.

ART. 5.

Les médecins de la Compagnie doivent leurs soins à tous les

employés (1) atteints de blessures ou de maladies provenant du service ou pouvant être considérées comme la conséquence des fonctions ou de la résidence de l'employé, à la condition qu'il habite dans un rayon de deux kilomètres au plus du lieu où le retient habituellement son service.

Art. 6.

Si l'incapacité de travail résulte de rixes, d'inconduite ou de maladies chroniques antérieures à l'admission de l'employé, il n'a aucun droit aux soins du médecin de la Compagnie.

Dans ce cas, comme dans celui où l'employé habite à plus de *deux kilomètres* du centre de son service, le médecin de la Compagnie doit néanmoins constater la nature et la durée de la maladie, et en donner avis au Chef du service de l'employé.

Art. 7.

Dans le cas où, d'après la décision des médecins, il y a lieu de transporter un employé malade à l'hôpital, le médecin de la Compagnie doit faire les démarches nécessaires pour obtenir son admission.

Art. 8.

Lorsqu'un employé réclame les soins d'un médecin étranger au service de la Compagnie, le médecin de la circonscription à

(1) Sous le titre d'employés sont compris : les employés proprement dits, les ouvriers occupés à des travaux permanents et tous les agents de la traction, sauf ceux d'Ivry et de Paris, pour lesquels il existe un service spécial de santé.

laquelle appartient l'employé doit se borner à constater la maladie, afin d'en apprécier la nature et la durée, et d'en rendre compte au rapport.

Art. 9.

Si, dans un cas urgent, le médecin se trouve dans l'impossibilité de se rendre auprès d'un employé malade, il doit immédiatement en donner avis au Chef du service de l'employé, pour qu'il fasse appeler un médecin de la localité.

Art. 10.

Chaque jour, à l'heure fixée pour leur visite, les médecins de la Compagnie doivent se rendre au chef-lieu de leur circonscription, afin de donner des consultations aux employés qui ont à réclamer leurs soins.

Lorsqu'un employé est trop malade pour venir lui-même à la consultation, le médecin de la Compagnie doit se rendre auprès de lui et constater la nature, les causes et la durée probable de la maladie.

Art. 11.

La maladie d'un employé est constatée par un bulletin à double coupon détaché d'un registre à souche.

Ce bulletin est dressé par le Chef de la partie du service à laquelle appartient l'employé (Chef de bureau de l'administration centrale, Chef de gare, Chef de dépôt, Chef d'atelier, Chef d'entretien, Chef de section de la voie, Chef de district, Conducteur de travaux), conformément à l'imprimé modèle n° 136.

La souche reste aux mains du Chef du service de l'employé; le double coupon est adressé directement au médecin de la circonscription, qui doit, si le malade ne se présente pas à la consultation le jour même, se rendre au domicile indiqué pour constater la légitimité de son absence.

Le médecin formule, suivant les indications de l'imprimé, ses appréciations sur les causes et la durée probable de la maladie et les droits de l'employé à la continuation de sa solde.

Le coupon qui porte ces indications est immédiatement renvoyé au Chef du service de l'employé, qui le joint au rapport journalier, après l'avoir transcrit sur la souche.

L'autre coupon reste aux mains du médecin jusqu'à ce que l'employé soit en état de reprendre son service; il lui est remis alors à titre d'*exeat* pour qu'il le représente à son Chef immédiat, en faisant constater sa rentrée en fonctions.

Art. 12.

Les Chefs de service doivent s'appliquer à indiquer avec la plus grande exactitude les adresses des employés signalés malades, afin d'éviter au médecin des courses inutiles. Ils doivent en outre, en dressant le bulletin de santé, spécifier si le malade est en état de se rendre lui-même à la consultation, et si, devant être visité à domicile, il désire recevoir les soins d'un médecin particulier.

Art. 13.

Lorsqu'un employé signalé malade ne se présente pas à la consultation ou ne se trouve pas chez lui lors de la visite du médecin, il est considéré comme en état d'absence illégale et porté comme tel au rapport, sa solde devant être supprimée pour tout le temps qu'aura duré son absence non autorisée.

Art. 14.

Lorsqu'un employé malade ne reprend pas son service à la date fixée par le médecin comme terme probable de la maladie, le Chef de la partie du service à laquelle appartient l'employé doit dresser immédiatement un second bulletin pour provoquer les appréciations du médecin sur les causes de l'absence prolongée de l'employé.

Art. 15.

Les Chefs de bureau de l'administration centrale, Chefs de gare, Chefs de dépôt, Chefs d'atelier, Chefs d'entretien, Chefs de section de la voie, Chefs de district et Conducteurs de travaux, sont, chacun en ce qui concerne son service, responsables de l'exécution des art. **11**, **12**, **13** et **14** ci-dessus.

Art. 16.

Chaque médecin de circonscription tient, à la gare où est

établi le centre de son service, un registre spécial (modèle n° 185) sur lequel il inscrit, jour par jour, les noms et fonctions des employés malades, la date de l'invasion de la maladie, sa nature, sa durée et les causes probables auxquelles elle doit être attribuée.

Ce registre est présenté au médecin principal, et visé par lui à chacune de ses tournées.

Art. 17.

Outre leur visite journalière à la gare ou à la station établie au lieu de leur résidence, les médecins des circonscriptions visitent, au moins une fois par mois, tous les établissements dont le personnel est confié à leurs soins, afin de constater l'état général de la santé des employés, les conditions sanitaires des établissements, l'état des boîtes de secours, dépôts de médicaments, etc.

Le rapport de cette visite est adressé au médecin principal de la Compagnie, qui en remet le résumé au Directeur, avec ses observations et propositions.

§ II.

DÉLIVRANCE DES MÉDICAMENTS.

Art. 18.

Une boîte de secours et, s'il y a lieu, un approvisionnement de médicaments, sont déposés dans les principales gares et stations.

Ces objets sont placés sous la garde et la responsabilité des

Chefs de gare et, en leur absence, de leur remplaçant, à qui ils doivent en remettre la clef.

Un brancard, propre à transporter les malades et les blessés, est en outre établi à chaque gare ou station où il y a un dépôt de locomotives, et à chaque station où réside un médecin de circonscription.

Art. 19.

Les demandes de médicaments, d'achat, de réparation ou de renouvellement des appareils ou instruments nécessaires au service de santé de chaque circonscription, sont faites par les Chefs de gare ou de station, dans les formes ordinaires des demandes d'approvisionnement.

Les bons dressés pour ces demandes sont visés par le médecin de la circonscription et adressés, avec ses observations, au médecin principal de la Compagnie, qui apprécie dans quelle mesure il convient d'y donner suite.

Art. 20.

Un pharmacien spécial, désigné dans chaque circonscription par le Directeur de la Compagnie, sur la proposition du médecin principal, fournit les médicaments dont l'acquisition est prescrite d'urgence par les médecins de la Compagnie

Les notes de ces fournitures, vérifiées par le médecin qui a fait l'ordonnance, et certifiées par le Chef du service auquel appartient l'employé, sont réglées chaque mois comme les autres dépenses du service courant.

ART. 21.

A Paris, des cartes de dispensaires de la Société philanthropique sont, s'il y a lieu, mises à la disposition du médecin principal. pour les familles des employés qui réclament cette faveur.

CHAPITRE IV.

ACCIDENTS.

ART. 22.

En cas d'accident sur le chemin de fer, le médecin de la circonscription, et, s'il y a nécessité, le médecin le plus voisin, doivent être immédiatement appelés, *par exprès,* pour donner les premiers secours et organiser, s'il y a lieu, un service d'ambulance.

En l'absence de tout médecin, ou avant son arrivée, l'instruction du médecin principal concernant les premiers soins à donner aux blessés, annexée au présent ordre, doit être scrupuleusement observée par tous les employés présents à l'accident.

ART. 23.

Le médecin qui est appelé à organiser les premiers secours doit faire un rapport circonstancié sur les résultats de l'accident et les mesures qu'il a jugé convenable de prendre.

Il doit constater en outre, dans un procès-verbal détaillé, le nombre et les noms des personnes atteintes, le genre et la gravité de leurs blessures.

Ces pièces sont transmises dans le plus bref délai au Directeur de la Compagnie.

CHAPITRE V.

ATTRIBUTIONS DU MÉDECIN PRINCIPAL ET RELATIONS AVEC LES MÉDECINS DES CIRCONSCRIPTIONS.

ART. 24.

Le médecin principal réside à Paris; il centralise le service médical de toutes les circonscriptions et le dirige dans son ensemble sous l'autorité immédiate du Directeur.

Il est appelé à donner son avis et à réunir tous les renseignements propres à éclairer le choix du Directeur sur les titres des candidats à présenter au Conseil d'administration pour les vacances ou nominations nouvelles dans le cadre des médecins de la Compagnie.

Art 25.

En cas d'accident déterminant des blessures graves, et lorsque l'état d'un employé malade ou blessé nécessite une consultation, le médecin principal doit être immédiatement prévenu, et se rendre sur les lieux pour suivre et diriger toutes les mesures à prendre, et préparer les propositions à faire au Directeur pour les soins à donner aux blessés, les indemnités à régler et tous autres intérêts de cette nature.

Art. 26.

Le médecin principal reçoit les rapports et les propositions des médecins des circonscriptions, et les résume dans un rapport sur l'état sanitaire du personnel de tous les services, qu'il adresse au Directeur le jeudi de chaque semaine.

Art. 27.

Le médecin principal fait, tous les six mois au moins, l'inspection du service de santé dans les établissements de la Compagnie ; il réclame des médecins des circonscriptions et des Chefs et employés des divers services, qui doivent les lui fournir, tous les renseignements de nature à intéresser les conditions hygiéniques du personnel et des établissements, et il fait toutes les propositions utiles pour l'amélioration de ces conditions.

ART. 28.

A la fin de chaque année, le médecin principal prépare, sur l'ensemble et les détails du service de santé, un rapport et un état statistique complets, constatant le nombre des malades et la nature des maladies, blessures ou accidents.

ART. 29.

Si, par maladie ou par toute autre cause, un médecin de la Compagnie est momentanément empêché dans son service, il doit en prévenir le médecin principal et lui proposer un de ses confrères pour le remplacer pendant son absence.

ART. 30.

Dans les cas graves, le médecin d'une circonscription peut être désigné par le médecin principal pour l'assister dans le traitement de la maladie, bien que l'employé malade ne fasse pas partie du service du médecin désigné.

ART. 31.

Les médecins des circonscriptions doivent adresser, *le mardi de chaque semaine, au médecin principal,* à Paris, un rapport détaillé conforme au modèle imprimé n° 284, sur l'état sanitaire du personnel confié à leurs soins, le nombre et les noms des malades en traitement, la nature et la marche des maladies, le traitement suivi ou proposé, etc., etc.

ORDRE GÉNÉRAL N° 29

POUR

L'ENTRETIEN DES JARDINS ET L'EXPULSION DE TOUS ANIMAUX DOMESTIQUES.

Article premier.

La Compagnie, en établissant des jardins dans le voisinage des gares et stations, a eu pour but l'agrément des voyageurs et l'utilité des Employés. Il est donc du devoir de tous les Agents de concourir à la surveillance, à la bonne tenue et à l'entretien de ces jardins.

Art. 2.

Les Chefs de gare et de station doivent particulièrement assurer l'arrosage des fleurs en été, et se prêter, dans les autres saisons, à tous les travaux d'entretien qui sont réclamés d'eux par les Chefs de section de la voie.

Art. 3.

Il est formellement défendu aux Employés comme aux voyageurs de cueillir aucune fleur dans ces jardins.

Art. 4.

Indépendamment des jardins d'agrément établis pour l'ornement des stations, des parties de terrain sont mises, dans les localités où cela est possible, à la disposition des Employés pour leur usage particulier. Ceux qui jouissent de cette faveur sont tenus de clore, de planter et d'entretenir ces terrains par eux-mêmes et à leurs frais.

Art. 5.

Il est interdit aux Employés changeant de résidence d'enlever aucune plantation ou clôture et de détruire aucune amélioration apportée par eux ou leurs prédécesseurs à leurs jardins et habitations, ces plantations, clôture et améliorations étant acquises au sol pour les Employés que leurs fonctions appellent à en avoir la jouissance. Les fruits et légumes dont la récolte n'est pas faite au moment de la mutation doivent être cédés à l'amiable par l'Employé remplacé à son successeur. En cas de contestation, la valeur de cette cession est réglée d'office par l'Inspecteur principal ou le Chef de section de la voie.

ART. 6.

Sur certains points, les plantations et les travaux de binage ayant été détruits par des chiens ou autres animaux domestiques, défense absolue est faite aux Chefs de gare et de station ou autres Employés d'introduire, à titre quelconque, dans les établissements ou dépendances du chemin de fer, aucun chien ou aucun animal domestique, tels que chèvres, lapins, poules, pigeons, oies, canards, etc.

ART. 7.

Sont seuls exceptés de cette interdiction les chats et les chiens de garde de certaines gares de marchandises appartenant à la Compagnie. Les chiens de garde doivent être constamment tenus à l'attache pendant le jour.

NAPOLÉON CHAIX ET Cie

ORDRE GÉNÉRAL

N° 30

RÉGLANT

L'APPROVISIONNEMENT DES GARES ET STATIONS.

ARTICLE PREMIER.

En exécution de la décision du Conseil, en date du 9 décembre 1852, qui dispose que tous les ustensiles, meubles et objets quelconques nécessaires aux différents services, doivent être achetés et fournis par l'Économat, l'approvisionnement des gares et station est réglé de la manière suivante :

ART. 2.

Les bons de demande des gares et stations, vus et approuvés par les Inspecteurs principaux, sont adressés directement au Chef du service de l'Économat, pour y être fait droit immédiatement.

ART. 3.

Sauf le cas d'urgence justifiée, il est formellement interdit aux gares et stations d'acheter elles-mêmes les objets qui leur sont nécessaires. Les achats qu'elles feraient, contrairement à cette prescription, resteront pour leur compte.

Art. 4.

Les gares et stations doivent faire leurs demandes au moins six jours à l'avance, pour les objets ordinaires de consommation; elles ne peuvent compter sur l'envoi de ces objets que dans un délai de six jours.

Art. 5.

Pour les objets d'une nature exceptionnelle, les gares et stations ont à en prévoir le besoin assez longtemps à l'avance, pour que l'Économat ait le temps de les faire confectionner.

Art. 6.

Le jour même, ou au plus tard le lendemain du jour de la réception, les gares et stations envoient leur récépissé à l'Inspecteur principal, qui le transmet avec son visa au Chef du service de l'Économat.

Art. 7.

L'Économat doit être constamment approvisionné de marchandises et d'objets d'un usage ordinaire, de manière à satisfaire aux demandes des gares et stations dans le plus bref délai, et sans se prévaloir de celui de six jours mentionné en l'art. 4 ci-dessus.

ART. 8.

Quant aux objets d'une nature exceptionnelle ou qui ne peuvent exister en approvisionnement, l'Économat doit les faire confectionner avec toute la diligence possible.

ART. 9.

Il est ouvert par les soins de l'Économat un compte à chaque gare et station, dans lequel sont portés tous les objets livrés. Ces comptes servent de justification à la comptabilité de l'Économat, et permettent en même temps de faire la comparaison des consommations respectives des gares et stations entre elles.

NAPOLÉON CHAIX ET Cie

ORDRE GÉNÉRAL

N° 31

RÉGLANT

LA PARTICIPATION DES EMPLOYÉS DANS LES BÉNÉFICES ANNUELS DE L'EXPLOITATION.

Article premier.

Lorsque, en exécution de l'art. 52 des statuts, il est fait, sur les produits annuels, distraction d'une somme à répartir entre les Employés de la Compagnie en proportion des traitements ou en raison des services, cette somme est répartie, conformément aux dispositions suivantes, par décision du Conseil d'administration rendue sur la proposition du Directeur.

Art. 2.

Sont seuls compris dans la répartition, les Employés dont le traitement est fixé à l'année, sauf les assimilations établies ou à établir par décisions spéciales du Conseil d'administration.

Les Employés attachés exclusivement aux travaux de premier établissement ne sont admis à la répartition dans aucun cas.

Les Employés qui s'occupent simultanément des travaux de premier établissement et des travaux d'Exploitation y sont admis.

Tout Employé entré au service de la Compagnie dans le courant d'un mois n'est admis à la répartition qu'à partir du mois suivant.

Tout Employé qui se retire volontairement ou qui est révoqué n'est pas compris dans la répartition pour l'année dans laquelle il quitte le service de la Compagnie.

Art. 3.

Le prélèvement prescrit par l'art. 12 ci-après étant opéré, le surplus de la somme à distribuer est réparti entre tous les Employés dans la proportion du traitement dont chacun d'eux a joui dans le cours de l'année.

Art. 4.

Un tiers de la somme attribuée à chaque Employé lui est remis en espèces ;

Un tiers est versé, à son compte, à la Caisse d'épargne de Paris ;

Un tiers est versé, à son compte, à la Caisse de retraite pour la vieillesse, à l'effet de lui faire constituer une pension viagère à l'âge de cinquante ans, soit à fonds perdu, soit avec capital réservé, suivant qu'il le préfère, le tout conformément aux lois et règlements qui régissent cette Caisse, et sauf les exceptions y contenues.

Pour les étrangers qui ne sont pas admis à jouir du bénéfice de la Caisse de retraite, les deux tiers de la part leur revenant sont versés à la Caisse d'épargne.

Toute fraction de somme au-dessous de 1 franc pour les versements à la Caisse d'épargne, et de 10 francs pour les versements à la Caisse de retraite, est réunie au tiers à payer en espèces.

Si la somme totale attribuée à chaque Employé n'atteint pas 30 fr. par 1,000 fr. de traitement, cette somme lui est remise en espèces.

Art. 5.

Sont dispensés du versement à la Caisse d'épargne les Employés dont le crédit à cette Caisse atteint le maximum déterminé par la loi.

Dans ce cas, la moitié de la part revenant à l'Employé dispensé lui est remise en espèces. L'autre moitié est versée, pour son compte, à la Caisse de retraite.

Art. 6.

Sont dispensés du versement à la Caisse de retraite :

1° Les Employés qui, à l'époque de la répartition, ont déjà droit à une rente viagère de 600 fr. à cinquante ans, sur cette Caisse ;

2° Ceux qui ont atteint l'âge de cinquante ans au 1er janvier de l'année donnant lieu à répartition.

Dans les cas sus-indiqués, la moitié de la part revenant à l'Employé dispensé lui est remise en espèces ; l'autre moitié est versée, pour son compte, à la Caisse d'épargne.

Art. 7.

Les Employés dispensés, en vertu des art. 5 et 6, des versements à la Caisse d'épargne et à la Caisse de retraite, reçoivent en espèces la totalité de la part leur revenant.

Art. 8.

Tout Employé a la faculté : 1° d'accroître de ses propres ressources les versements faits pour son compte, d'après les dispositions qui précèdent, soit à la Caisse d'épargne, soit à la Caisse de retraite ;

2° De continuer ses versements à la Caisse de retraite, et de reculer l'époque d'entrée en jouissance de sa pension viagère jusqu'à l'âge de cinquante-cinq ans, pourvu que, dans ce dernier cas, il y soit autorisé par décision spéciale du Conseil d'administration rendue sur la proposition du Directeur.

Quant aux Employés qui, en vertu des lois et règlements relatifs à la Caisse de retraite, n'auraient droit à aucun intérêt pour les versements de la dernière ou des deux dernières années, si l'époque d'entrée en jouissance de leur rente viagère restait fixée à cinquante ans, cette époque est reculée de plein droit jusqu'à cinquante-deux ans, les versements cessant d'ailleurs à l'âge fixé par l'art. 3, sauf le cas prévu dans le paragraphe précédent.

Art. 9.

Les sommes à porter au compte de chaque Employé, soit à la Caisse d'épargne, soit à la Caisse de retraite, y sont versées par la Compagnie à titre de don volontaire incessible et insaisissable.

Les versements à la Caisse d'épargne sont faits en outre sous la condition de ne pouvoir être retirés par les titulaires qu'en vertu d'une décision spéciale du Conseil d'administration rendue sur la proposition du Directeur.

Toutefois, l'Employé dont le crédit à cette Caisse arrive, par l'accumulation des intérêts ou pour toute autre cause, à excéder le maximum fixé par la loi, peut, sans l'autorisation sus-mentionnée, retirer tout ce qui excède le maximum.

Art. 10.

Les livrets de chaque Employé, à la Caisse d'épargne et à la Caisse de retraite, sont conservés par la Compagnie.

Ces livrets sont remis, avec toute faculté d'en disposer, soit au titulaire en cas de démission ou de révocation, soit à ses héritiers ou ayants cause en cas de décès.

Art. 11.

Tous les ans, après le travail de la répartition achevé, il est remis à chaque Employé un bulletin sur lequel sont mentionnés:

1° Le montant de son avoir à la Caisse d'épargne ;

2° Le montant des sommes versées, à son compte, à la Caisse de retraite, avec indication de la rente viagère à laquelle ces sommes donnent droit à l'âge de cinquante ans.

Art. 12.

Chaque année, avant toute répartition, il est opéré, pour le fonds de secours et d'encouragement, un prélèvement qui n'excède, dans aucun cas, ni le dixième de la somme à répartir, ni la somme nécessaire pour, avec le solde resté disponible de l'exercice précédent, compléter un chiffre maximum de 250,000 fr.

Des décisions spéciales du Conseil d'administration, rendues sur la proposition du Directeur, déterminent les sommes qui doivent être prises sur le fonds de secours et d'encouragement ainsi constitué, soit en cours d'année, soit en fin d'exercice, pour être attribuées :

1° Aux Employés qui, dans l'exercice de leurs fonctions, ont reçu des blessures, contracté des maladies ou des infirmités qui les mettent dans l'impossibilité de continuer leur service ;

2° Aux familles de ceux qui ont succombé par suite des mêmes circonstances ou d'événements extraordinaires ;

3° Enfin, aux Employés qui se sont distingués dans leur service.

ART. 13.

A la fin de la concession, comme aussi dans le cas prévu par l'art. 32 du cahier des charges, la partie du fonds de secours et d'encouragement dont il n'aurait pas été disposé par le Conseil d'administration sera distribuée aux Employés, au prorata de leurs traitements.

ART. 14.

Toutes dispositions antérieures qui seraient contraires au présent règlement sont abrogées.

ART. 15.

Le présent règlement recevra son exécution à partir du 1er janvier 1854.

NAPOLÉON CHAIX ET Cie.

ORDRE GÉNÉRAL N° 32

SUR

LES OPPOSITIONS.

Article premier.

Tout Employé ou Ouvrier au service de la Compagnie sur le traitement ou salaire duquel il est formé opposition en est immédiatement prévenu, avec avertissement que, faute par lui d'apporter main-levée amiable ou judiciaire de cette opposition, il cessera de faire partie du personnel de la Compagnie, à dater soit de la fin du mois courant, si l'avertissement a été donné dans la première quinzaine, soit de la fin du mois suivant, si l'avertissement a été donné dans la dernière quinzaine.

Art. 2.

Dans le cas de démission ou de renvoi d'un Employé ou Ouvrier par suite d'opposition formée contre lui, le Conseil d'administration ou la Commission compétente pourra, sur la proposition du Directeur, autoriser le paiement total ou partiel des sommes à lui dues pour le traitement ou le salaire du mois dans lequel l'opposition a été signifiée et du mois suivant.

Art. 3.

Le Directeur soumet chaque mois au Conseil d'administration l'état des oppositions formées dans le courant du mois.

NAPOLÉON CHAIX ET Cie.

ORDRE GÉNÉRAL

N° 33

RÉGLANT

LE SERVICE DES POMPES A INCENDIE.

Article premier.

Une pompe à incendie, munie de ses agrès et accessoires, doit être déposée et constamment entretenue en bon état dans toutes les gares principales et secondaires, et exceptionnellement dans les stations où l'importance des établissements peut rendre cette mesure nécessaire.

Art. 2.

Dans chacune des gares où une pompe est établie, une équipe spéciale, composée d'hommes d'élite, que leurs services antérieurs rendent plus particulièrement aptes à ce service, est chargée de la manœuvre de la pompe.

Tous les dimanches matin, cette équipe doit, sous la surveillance du Chef de gare, visiter la pompe dans toutes ses parties et s'exercer à la manœuvrer. Le Chef de gare doit, en outre, s'assurer par lui-même que toutes les prises d'eau, bornes-fontaines, etc., établies pour les cas d'incendie ou pouvant être utilisées en pareille occasion, sont en bon état et fonctionnent convenablement.

Ces exercices sont obligatoires et doivent être mentionnés au rapport journalier ainsi que la visite des agrès et des prises d'eau.

ART. 3.

Un supplément de solde de 10 centimes par jour est accordé aux hommes qui composent lès équipes des pompes, et de 20 centimes aux Chefs d'équipe.

Les équipes de pompiers sont formées de trois hommes, y compris le Chef.

ART. 4.

Les Chefs de gare sont responsables du bon entretien des pompes; ils doivent les maintenir toujours en parfait état et veiller à la conservation des accessoires et agrès, de manière qu'elles soient constamment prêtes à fonctionner.

ART. 5.

Lorsqu'un incendie se déclare dans les bâtiments de la Compagnie, le Chef de gare doit immédiatement se porter sur les lieux, avec la pompe de la gare et celle du dépôt, qu'il requiert d'office, conformément aux Instructions spéciales réglant cette partie du service de la Régie de Traction. S'il existe dans la localité une compagnie de pompiers, son concours doit être réclamé immédiatement.

Si l'incendie se manifeste hors des établissements de la Compagnie, les pompes des gares et des dépôts doivent être également envoyées sur les lieux, avec tous les moyens de secours que les gares et les dépôts peuvent réunir en hommes et en matériel, pour être mises à la disposition des autorités qui dirigent le sauvetage.

ART. 6.

Un tableau spécial indiquera les gares pourvues de pompes. Les stations qui n'en sont pas munies doivent, en cas de sinistre et dès que l'incendie se manifeste, demander immédiatement du secours aux deux gares les plus rapprochées, soit par le télégraphe, soit par les trains ou par un exprès, suivant les circonstances.

ART. 7.

Les Inspecteurs principaux sont chargés d'assurer l'exécution de ces dispositions.

Le Contrôleur du chauffage et de l'éclairage est spécialement désigné pour l'inspection du matériel et de l'entretien des pompes à incendie, sous l'autorité des Inspecteurs principaux de chaque Inspection.

NAPOLÉON CHAIX ET Cie

ORDRE GÉNÉRAL N° 34

RELATIF

A LA LOI SUR LA POLICE DES CHEMINS DE FER ET AU RÈGLEMENT D'ADMINISTRATION PUBLIQUE.

ARTICLE PREMIER.

Il est remis à chacun des employés du service actif un exemplaire ou un extrait concernant ses fonctions, de la LOI SUR LA POLICE DES CHEMINS DE FER et du RÈGLEMENT D'ADMINISTRATION PUBLIQUE.

ART. 2.

Tout employé qui reçoit un exemplaire ou un extrait est tenu d'en accuser réception sur une feuille d'émargement, et il doit en rester porteur pendant toute la durée de son service.

Art. 3.

Chaque employé doit faire remplacer par un nouvel exemplaire ou extrait celui qui lui a été donné, dans le cas où il vient à être usé ou perdu.

Art. 4.

Tous les employés doivent lire et se faire expliquer au besoin les articles de la Loi et du Règlement qui les concernent; ils ne peuvent être admis à prétexter d'ignorance, lorsqu'ils ont reçu communication de ces documents, dont il importe extrêmement qu'ils aient une parfaite connaissance.

LOI

SUR

LA POLICE DES CHEMINS DE FER

En date du 15 juillet 1845.

TITRE PREMIER.

MESURES RELATIVES A LA CONSERVATION DES CHEMINS DE FER.

Art. 1er. — Les chemins de fer construits ou concédés par l'État font partie de la grande voirie.

Art. 2. — Sont applicables aux chemins de fer les lois et règlements sur la grande voirie qui ont pour objet d'assurer la conservation des fossés, talus, levées et ouvrages d'art dépendants des routes, et d'interdire, sur toute leur étendue, le pacage des bestiaux et les dépôts de terre et autres objets quelconques.

Art. 3. — Sont applicables aux propriétés riveraines des chemins de fer les servitudes imposées par les lois et règlements sur la grande voirie, et qui concernent :

L'alignement ;

L'écoulement des eaux ;

L'occupation temporaire des terrains en cas de réparation ;

La distance à observer pour les plantations, et l'élagage des arbres plantés.

Le mode d'exploitation des mines, minières, tourbières, carrières et sablières, dans la zone déterminée à cet effet.

Sont également applicables à la confection et à l'entretien des chemins de fer, les lois et règlements sur l'extraction des matériaux nécessaires aux travaux publics.

Art. 4. — Tout chemin de fer sera clos des deux côtés et sur toute l'étendue de la voie.

L'administration déterminera, pour chaque ligne, le mode de cette clôture, et, pour ceux des chemins qui n'y ont pas été assujettis, l'époque à laquelle elle devra être effectuée.

Partout où les chemins de fer croiseront de niveau les routes de terre, des barrières seront établies et tenues fermées, conformément aux règlements.

Art. 5. — A l'avenir, aucune construction autre qu'un mur de clôture ne pourra être établie dans une distance de deux mètres d'un chemin de fer.

Cette distance sera mesurée soit de l'arête supérieure du déblai, soit de l'arête inférieure du talus du remblai, soit du bord extérieur des fossés du chemin, et, à défaut d'une ligne tracée, à un mètre cinquante centimètres à partir des rails extérieurs de la voie de fer.

Les constructions existantes au moment de la promulgation de la présente loi, ou lors de l'établissement d'un nouveau chemin de fer, pourront être entretenues dans l'état où elles se trouveront à cette époque.

Un règlement d'administration publique déterminera les formalités à remplir par les propriétaires pour faire constater l'état desdites constructions, et fixera le délai dans lequel ces formalités devront être remplies.

Art. 6. — Dans les localités où le chemin de fer se trouvera en remblai de plus de trois mètres au-dessus du terrain naturel, il est interdit aux riverains de pratiquer, sans autorisation préalable, des excavations dans une zone de largeur égale à la hauteur verticale du remblai, mesurée à partir du pied du talus.

Cette autorisation ne pourra être accordée sans que les concessionnaires ou fermiers de l'exploitation du chemin de fer aient été entendus ou dûment appelés.

Art. 7. — Il est défendu d'établir, à une distance de moins de vingt mètres d'un chemin de fer desservi par des machines à feu, des couvertures en chaume, des meules de paille, de foin, et aucun autre dépôt de matières inflammables.

Cette prohibition ne s'étend pas aux dépôts de récoltes faits seulement pour le temps de la moisson.

Art. 8. — Dans une distance de moins de cinq mètres d'un chemin de fer, aucun dépôt de pierres, ou objets non inflammables, ne peut être établi sans l'autorisation préalable du préfet.

Cette autorisation sera toujours révocable.

L'autorisation n'est pas nécessaire :

1° Pour former, dans les localités où le chemin de fer est en remblai, des dépôts de matières non inflammables, dont la hauteur n'excède pas celle du remblai du chemin ;

2° Pour former des dépôts temporaires d'engrais et autres objets nécessaires à la culture des terres.

Art. 9. — Lorsque la sûreté publique, la conservation du chemin et la disposition des lieux le permettront, les distances déterminées par les articles précédents pourront être diminuées en vertu d'ordonnances royales rendues après enquêtes.

Art. 10. — Si, hors des cas d'urgence prévus par la loi des 16-24 août 1790, la sûreté publique ou la conservation du chemin de fer l'exige, l'administration pourra faire supprimer, moyennant une juste indemnité, les constructions, plantations, excavations, couvertures en chaume, amas de matériaux combustibles ou autres, existants, dans les zones ci-dessus spécifiées, au moment de la promulgation de la présente loi, et, pour l'avenir, lors de l'établissement du chemin de fer.

L'indemnité sera réglée, pour la suppression des constructions, conformément aux titres IV et suivants de la loi du 3 mai 1841, et, pour tous les autres cas, conformément à la loi du 16 septembre 1807.

Art. 11. — Les contraventions aux dispositions du présent titre seront constatées, poursuivies et réprimées comme en matière de grande voirie.

Elles seront punies d'une amende de seize à trois cents francs, sans préjudice, s'il y a lieu, des peines portées au Code pénal et au titre III de la présente loi. Les contrevenants seront, en outre, condamnés à supprimer, dans le délai déterminé par l'arrêté du Conseil de préfecture, les excavations, couvertures, meules ou dépôts faits contrairement aux dispositions précédentes.

A défaut, par eux, de satisfaire à cette condamnation dans le délai fixé, la suppression aura lieu d'office, et le montant de la dépense sera recouvré contre eux par voie de contrainte, comme en matière de contributions publiques.

TITRE II.

DES CONTRAVENTIONS DE VOIRIE COMMISES PAR LES CONCESSIONNAIRES OU FERMIERS DE CHEMINS DE FER.

Art. 12. — Lorsque le concessionnaire ou le fermier de l'exploitation d'un chemin de fer contreviendra aux clauses du cahier des charges, ou aux décisions rendues en exécution de ces clauses, en ce qui concerne le service de la navigation, la viabilité des routes royales, départementales et vicinales, ou le libre écoulement des eaux, procès-verbal sera dressé de la contravention, soit par les ingénieurs des ponts et chaussées ou des mines, soit par les conducteurs, gardes-mines et piqueurs, dûment assermentés.

Art. 13. — Les procès-verbaux, dans les quinze jours de leur date, seront notifiés administrativement au domicile élu par le concessionnaire ou le fermier, à la diligence du préfet, et transmis dans le même délai au Conseil de préfecture du lieu de la contravention.

Art. 14. — Les contraventions prévues à l'art. 12 seront punies d'une amende de trois cents francs à trois mille francs.

Art. 15. — L'administration pourra, d'ailleurs, prendre immédiatement toutes mesures provisoires pour faire cesser le dommage, ainsi qu'il est procédé en matière de grande voirie.

Les frais qu'entraînera l'exécution de ces mesures seront recouvrés, contre le concessionnaire ou fermier, par voie de contrainte, comme en matière de contributions publiques.

TITRE III.

DES MESURES RELATIVES A LA SURETÉ DE LA CIRCULATION SUR LES CHEMINS DE FER.

Art. 16. — Quiconque aura volontairement détruit ou dérangé la voie de fer, placé sur la voie un objet faisant obstacle à la circulation, ou employé un moyen quelconque pour entraver la marche des convois ou les faire sortir des rails, sera puni de la réclusion.

S'il y a eu homicide ou blessures, le coupable sera, dans le premier cas, puni de mort, et, dans le second, de la peine des travaux forcés à temps.

Art. 17. — Si le crime prévu par l'art. 16 a été commis en réunion séditieuse, avec rébellion ou pillage, il sera imputable aux chefs, auteurs, instigateurs et provocateurs de ces réunions, qui seront punis comme coupables du crime et condamnés aux mêmes peines que ceux qui l'auront personnellement commis, lors même que la réunion séditieuse n'aurait pas eu pour but direct et principal la destruction de la voie de fer.

Toutefois, dans ce dernier cas, lorsque la peine de mort sera applicable aux auteurs du crime, elle sera remplacée, à l'égard des chefs, auteurs, instigateurs et provocateurs de ces réunions, par la peine des travaux forcés à perpétuité.

Art. 18. — Quiconque aura menacé, par écrit anonyme ou signé, de commettre un des crimes prévus par l'art. 16, sera puni d'un emprisonnement de trois à cinq ans, dans le cas où la menace aurait été faite avec ordre de déposer une somme d'argent dans un lieu indiqué, ou de remplir toute autre condition.

Si la menace n'a été accompagnée d'aucun ordre ou condition, la peine sera d'un emprisonnement de trois mois à deux ans, et d'une amende de cent à cinq cents francs.

Si la menace avec ordre ou condition a été verbale, le coupable sera puni d'un emprisonnement de quinze jours à six mois, et d'une amende de vingt-cinq à trois cents francs.

Dans tous les cas, le coupable pourra être mis par le jugement sous la surveillance de la haute police, pour un temps qui ne pourra être moindre de deux ans ni excéder cinq ans.

Art. 19. — Quiconque, par maladresse, imprudence, inattention, négligence ou inobservation des lois ou règlements, aura involontairement causé sur un chemin de fer, ou dans les gares ou stations, un accident qui aura occasionné des blessures, sera puni de huit jours à six mois d'emprisonnement, et d'une amende de cinquante à mille francs.

Si l'accident a occasionné la mort d'une ou plusieurs personnes, l'emprisonnement sera de six mois à cinq ans, et l'amende de trois cents à trois mille francs.

Art. 20. — Sera puni d'un emprisonnement de six mois à deux ans, tout mécanicien ou conducteur garde-frein qui aura abandonné son poste pendant la marche du convoi.

Art. 21. — Toute contravention aux ordonnances royales portant règlement d'administration publique sur la police, la sûreté et l'exploitation des chemins de fer, et aux arrêtés pris par les préfets, sous l'approbation du ministre des travaux publics, pour l'exécution desdites ordonnances, sera punie d'une amende de seize à trois mille francs.

En cas de récidive dans l'année, l'amende sera portée au double, et le tribunal pourra, selon les circonstances, prononcer, en outre, un emprisonnement de trois jours à un mois.

Art. 22. — Les concessionnaires ou fermiers d'un chemin de fer seront responsables, soit envers l'État, soit envers les particuliers, du dommage causé par les administrateurs, directeurs ou employés à un titre quelconque au service d'exploitation du chemin de fer.

L'État sera soumis à la même responsabilité envers les particuliers, si le chemin de fer est exploité à ses frais et pour son compte.

Art. 23. — Les crimes, délits ou contraventions prévus dans les titres I et III de la présente loi pourront être constatés par des procès-verbaux dressés concurremment par les officiers de police judiciaire, les ingénieurs des ponts et chaussées et des mines, les conducteurs, gardes-mines, agents de surveillance et gardes nommés ou agréés par l'administration et dûment assermentés.

Les procès-verbaux des délits et contraventions feront foi jusqu'à preuve contraire.

Au moyen du serment prêté devant le tribunal de première instance de leur domicile, les agents de surveillance de l'administration et des concessionnaires ou fermiers pourront verbaliser sur toute la ligne du chemin de fer auquel ils seront attachés.

Art. 24. — Les procès-verbaux dressés en vertu de l'article précédent seront visés pour timbre et enregistrés en débet.

Ceux qui auront été dressés par des agents de surveillance et gardes assermentés devront être affirmés dans les trois jours, à peine de nullité, devant le juge de paix ou le maire, soit du lieu du délit ou de la contravention, soit de la résidence de l'agent.

Art. 25. — Toute attaque, toute résistance avec violence et voie de fait envers les agents des chemins de fer dans l'exercice de leurs fonctions, sera punie des peines appliquées à la rébellion, suivant les distinctions faites par le Code pénal.

Art. 26. — L'art. 463 du Code pénal est applicable aux condamnations qui seront prononcées en exécution de la présente loi.

Art. 27. — En cas de conviction de plusieurs crimes ou délits prévus par la présente loi ou par le Code pénal, la peine la plus forte sera seule prononcée.

Les peines encourues pour des faits postérieurs à la poursuite pourront être cumulées, sans préjudice des peines de la récidive.

La présente loi, discutée, délibérée et adoptée par la Chambre des députés, etc.

ORDONNANCE

PORTANT

RÈGLEMENT SUR LA POLICE, LA SURETÉ ET L'EXPLOITATION DES CHEMINS DE FER

En date du 15 novembre 1846.

TITRE PREMIER.

DES STATIONS ET DE LA VOIE DES CHEMINS DE FER.

Section Ire. — Des Stations.

Art. 1er. — L'entrée, le stationnement et la circulation des voitures publiques ou particulières destinées soit au transport des personnes, soit au transport des marchandises, dans les cours dépendantes des stations des chemins de fer, seront réglés par des arrêtés du préfet du département. Ces arrêtés ne seront exécutoires qu'en vertu de l'approbation du ministre des travaux publics.

Section II. — De la Voie.

Art. 2. — Le chemin de fer et les ouvrages qui en dépendent seront constamment entretenus en bon état.

La Compagnie devra faire connaître au ministre des travaux publics les mesures qu'elle aura prises pour cet entretien.

Dans le cas où ces mesures seraient insuffisantes, le ministre des travaux publics, après avoir entendu la Compagnie, prescrira celles qu'il jugera nécessaires.

Art. 3. — Il sera placé, partout où besoin sera, des gardiens, en nombre suffisant, pour assurer la surveillance et la manœuvre des aiguilles des croisements et changements de voie ; en cas d'insuffisance, le nombre de ces gardiens sera fixé par le ministre des travaux publics, la Compagnie entendue.

Art. 4. — Partout où un chemin de fer est traversé à niveau, soit par une route à voitures, soit par un chemin destiné au passage des piétons, il sera établi des barrières.

Le mode, la garde et les conditions du service des barrières seront réglés par le ministre des travaux publics, sur la proposition de la Compagnie.

Art. 5. — Si l'établissement de contre-rails est jugé nécessaire dans l'intérêt de la sûreté publique, la Compagnie sera tenue d'en placer sur les points qui seront désignés par le ministre des travaux publics.

Art. 6. — Aussitôt après le coucher du soleil et jusqu'après le passage du dernier train, les stations et leurs abords devront être éclairés.

Il en sera de même des passages à niveau pour lesquels l'administration jugera cette mesure nécessaire.

TITRE II.

DU MATÉRIEL EMPLOYÉ A L'EXPLOITATION.

Art. 7. — Les machines locomotives ne pourront être mises en service qu'en vertu de l'autorisation de l'administration et après avoir été soumises à toutes les épreuves prescrites par les règlements en vigueur.

Lorsque, par suite de détérioration ou pour toute autre cause, l'interdiction d'une machine aura été prononcée, cette machine ne pourra être remise en service qu'en vertu d'une nouvelle autorisation.

Art. 8. — Les essieux des locomotives, des tenders et des voitures de toute espèce, entrant dans la composition des convois de voyageurs ou dans celle des trains mixtes de voyageurs et de marchandises, allant à grande vitesse, devront être en fer martelé de premier choix.

Art. 9. — Il sera tenu des états de service pour toutes les locomotives. Ces états seront inscrits sur des registres qui devront être constamment à jour, et indiquer, à l'article de chaque machine, la date de sa mise en service, le travail qu'elle a accompli, les réparations ou modifications qu'elle a reçues, et le renouvellement de ses diverses pièces.

Il sera tenu, en outre, pour les essieux de locomotives, tenders et voitures de toutes espèces, des registres spéciaux sur lesquels, à côté du numéro d'ordre de chaque essieu, seront inscrits sa provenance, la date de sa mise en service, l'épreuve qu'il peut avoir subie, son travail, ses accidents et ses réparations ; à cet effet, le numéro d'ordre sera poinçonné sur chaque essieu.

Les registres mentionnés aux deux paragraphes ci-dessus seront représentés, à toute réquisition, aux ingénieurs et agents chargés de la surveillance du matériel et de l'exploitation.

Art. 10. — Il est interdit de placer, dans un convoi comprenant des voitures de voyageurs, aucune locomotive, tender ou autre voiture d'une nature quelconque montés sur des roues en fonte.

Toutefois, le ministre des travaux publics pourra, par exception, autoriser l'emploi de roues en fonte, cerclées en fer, dans les trains mixtes de voyageurs et de marchandises, et marchant à la vitesse d'au plus vingt-cinq kilomètres à l'heure.

Art. 11. — Les locomotives devront être pourvues d'appareils ayant pour objet d'arrêter les fragments de coke tombant de la grille, et d'empêcher la sortie des flammèches par la cheminée.

Art. 12. — Les voitures destinées au transport des voyageurs seront d'une construction solide ; elles devront être commodes et pourvues de ce qui est nécessaire à la sûreté des voyageurs.

Les dimensions de la place affectée à chaque voyageur devront être d'au moins quarante-cinq centimètres en largeur, soixante-cinq centimètres en profondeur et un mètre quarante-cinq centimètres en hauteur ; cette disposition sera appliquée aux chemins de fer existants, dans un délai qui sera fixé pour chaque chemin par le ministre des travaux publics.

Art. 13. — Aucune voiture pour les voyageurs ne sera mise en service sans une autorisation du préfet, donnée sur le rapport d'une Commission constatant que la voiture satisfait aux conditions de l'article précédent.

L'autorisation de mise en service n'aura d'effet qu'après que l'estampille, prescrite pour les voitures publiques par l'art. 117 de la loi du 25 mars 1817, aura été délivrée par le directeur des contributions indirectes.

Art. 14. — Toute voiture de voyageurs portera, dans l'intérieur, l'indication apparente du nombre des places.

Art. 15. — Les locomotives, tenders et voitures de toute espèce devront porter : 1° le nom ou les initiales du nom du chemin de fer auquel ils appartiennent ; 2° un numéro d'ordre. Les voitures de voyageurs porteront, en outre, l'estampille délivrée par l'administration des contributions indirectes. Ces diverses indications seront placées d'une manière apparente sur la caisse ou sur les côtés des châssis.

Art. 16. — Les machines locomotives, tenders et voitures de toute espèce, et tout le matériel d'exploitation seront constamment maintenus dans un bon état d'entretien.

La Compagnie devra faire connaître au ministre des travaux publics les mesures adoptées par elle à cet égard ; et, en cas d'insuffisance, le ministre, après avoir entendu les observations de la Compagnie, prescrira les dispositions qu'il jugera nécessaires à la sûreté de la circulation.

TITRE III.

DE LA COMPOSITION DES CONVOIS.

Art. 17. — Tout convoi ordinaire de voyageurs devra contenir, en nombre suffisant, des voitures de chaque classe, à moins d'une autorisation spéciale du ministre des travaux publics.

Art. 18. — Chaque train de voyageurs devra être acompagné :

1° D'un mécanicien et d'un chauffeur par machine ; le chauffeur devra être capable d'arrêter la machine en cas de besoin ;

2° Du nombre de conducteurs gardes-freins qui sera déterminé pour chaque chemin, suivant les pentes et suivant le nombre de voitures, par le ministre des travaux publics, sur la proposition de la Compagnie.

Sur la dernière voiture de chaque convoi ou sur l'une des voitures placées à l'arrière, il y aura toujours un frein, et un conducteur chargé de le manœuvrer.

Lorsqu'il y aura plusieurs conducteurs dans un convoi, l'un d'entre eux devra toujours avoir autorité sur les autres.

Un train de voyageurs ne pourra se composer de plus de vingt-quatre voitures à quatre roues. S'il entre des voitures à six roues dans la composition du convoi, le maximum du nombre de voitures sera déterminé par le ministre.

Les dispositions des paragraphes précédents sont applicables aux trains mixtes de voyageurs et de marchandises marchant à la vitesse des voyageurs.

Quant aux convois de marchandises qui transportent en même temps des voyageurs et des marchandises, et qui ne marchent pas à la vitesse ordinaire des voyageurs, les mesures spéciales et les conditions de sûreté auxquelles ils devront être assujettis seront déterminées par le ministre, sur la proposition de la Compagnie.

Art. 19. — Les locomotives devront être en tête des trains.

Il ne pourra être dérogé à cette disposition que pour les manœuvres à exécuter dans le voisinage des stations ou pour le cas de secours. Dans ces cas spéciaux, la vitesse ne devra pas dépasser vingt-cinq kilomètres par heure.

Art. 20. — Les convois de voyageurs ne devront être remorqués que par une seule locomotive, sauf les cas où l'emploi d'une machine de renfort deviendrait nécessaire, soit pour la montée d'une rampe de forte inclinaison, soit par suite d'une affluence extraordinaire de voyageurs, de l'état de l'atmosphère, d'un accident ou d'un retard exigeant l'emploi de secours, ou de tout autre cas analogue ou spécial préalablement déterminé par le ministre des travaux publics.

Il est, dans tous les cas, interdit d'atteler simultanément plus de deux locomotives à un convoi de voyageurs.

La machine placée en tête devra régler la marche du train.

Il devra toujours y avoir en tête de chaque train, entre le tender et la première voiture de voyageurs, autant de voitures ne portant pas de voyageurs qu'il y aura de locomotives attelées.

Dans tous les cas où il sera attelé plus d'une locomotive à un train, mention en sera faite sur un registre à ce destiné, avec indication du motif de la mesure, de la station où elle aura été jugée nécessaire, et de l'heure à laquelle le train aura quitté cette station.

Ce registre sera représenté à toute réquisition aux fonctionnaires et agents de l'administration publique chargés de la surveillance de l'exploitation.

Art. 21. — Il est défendu d'admettre, dans les convois qui portent des voyageurs, aucune matière pouvant donner lieu soit à des explosions, soit à des incendies.

Art. 22. — Les voitures entrant dans la composition des trains de voyageurs seront liées entre elles par des moyens d'attache tels, que les tampons à ressort de ces voitures soient toujours en contact.

Les voitures des entrepreneurs de messageries ne pourront être admises dans la composition des trains qu'avec l'autorisation du ministre des travaux publics, et que moyennant les conditions indiquées dans l'acte d'autorisation.

Art. 23. — Les conducteurs gardes-freins seront mis en communication avec le mécanicien, pour donner, en cas d'accident, le signal d'alarme, par tel moyen qui sera autorisé par le ministre des travaux publics, sur la proposition de la Compagnie.

Art. 24. — Les trains devront être éclairés extérieurement pendant la nuit. En cas d'insuffisance du système d'éclairage, le ministre des travaux publics prescrira, la Compagnie entendue, les dispositions qu'il jugera nécessaires.

Les voitures fermées, destinées aux voyageurs, devront être éclairées intérieurement pendant la nuit et au passage des souterrains qui seront désignés par le ministre.

TITRE IV.

DU DÉPART, DE LA CIRCULATION ET DE L'ARRIVÉE DES CONVOIS.

Art. 25. — Pour chaque chemin de fer, le ministre des travaux publics déterminera, sur la proposition de la Compagnie, le sens du mouvement des trains et des machines isolées sur chaque voie, quand il y a plusieurs voies, ou les points de croisement quand il n'y en a qu'une.

Il ne pourra être dérogé, sous aucun prétexte, aux dispositions qui auront été prescrites par le ministre, si ce n'est dans le cas où la voie serait interceptée, et, dans ce cas, le changement devra être fait avec les précautions indiquées en l'art. 34 ci-après.

Art. 26. — Avant le départ du train, le mécanicien s'assurera si toutes les parties de la locomotive et du tender sont en bon état, si le frein de ce tender fonctionne convenablement.

La même vérification sera faite par les conducteurs gardes-freins, en ce qui concerne les voitures et les freins de ces voitures.

Le signal du départ ne sera donné que lorsque les portières seront fermées.

Le train ne devra être mis en marche qu'après le signal du départ.

Art. 27. — Aucun convoi ne pourra partir d'une station avant l'heure déterminée par le règlement de service.

Aucun convoi ne pourra également partir d'une station avant qu'il se soit écoulé, depuis le départ ou le passage du convoi précédent, le laps de temps qui aura été fixé par le ministre des travaux publics, sur la proposition de la Compagnie.

Des signaux seront placés à l'entrée de la station pour indiquer, aux mécaniciens, des trains qui pourraient survenir, si le délai déterminé en vertu du paragraphe précédent est écoulé.

Dans l'intervalle des stations, des signaux seront établis, afin de donner le même avertissement au mécanicien sur les points où il ne peut pas voir devant lui à une distance suffisante. Dès que l'avertissement lui sera donné, le mécanicien devra ralentir la marche du train. En cas d'insuffisance des signaux établis par la Compagnie, le ministre prescrira, la Compagnie entendue, l'établissement de ceux qu'il jugera nécessaires.

Art. 28. — Sauf le cas de force majeure ou de réparation de la voie, les trains ne pourront s'arrêter qu'aux gares ou lieux de stationnement autorisés pour le service des voyageurs ou des marchandises.

Les locomotives ou les voitures ne pourront stationner sur les voies du chemin affectées à la circulation des trains.

Art. 29. — Le ministre des travaux publics déterminera, sur la proposition de la Compagnie, les mesures spéciales de précaution relatives à la circulation des trains sur les plans inclinés et dans les souterrains à une ou à deux voies, à raison de leur longueur et de leur tracé.

Il déterminera également, sur la proposition de la Compagnie, la vitesse maximum que les trains de voyageurs pourront prendre sur les diverses parties de chaque ligne et la durée du trajet.

Art. 30. — Le ministre des travaux publics prescrira, sur la proposition de la Compagnie, les mesures spéciales de précaution à prendre pour l'expédition et la marche des convois extraordinaires.

Dès que l'expédition d'un convoi extraordinaire aura été décidée, déclaration devra en être faite immédiatement au commissaire spécial de police, avec indication du motif de l'expédition du convoi et de l'heure du départ.

Art. 31. — Il sera placé le long du chemin, pendant le jour et pendant la nuit, soit pour l'entretien, soit pour la surveillance de la voie, des agents en nombre assez grand pour assurer la libre circulation des trains et la transmission des signaux; en cas d'insuffisance, le ministre des travaux publics en réglera le nombre, la Compagnie entendue.

Ces agents seront pourvus de signaux de jour et de nuit à l'aide desquels ils annonceront si la voie est libre et en bon état, si le mécanicien doit ralentir sa marche où s'il doit arrêter immédiatement le train.

Ils devront, en outre, signaler de proche en proche l'arrivée des convois.

Art. 32. — Dans le cas où soit un train, soit une machine isolée s'arrêterait sur la voie pour cause d'accident, le signal d'arrêt indiqué en l'article précédent devra être fait à cinq cents mètres au moins à l'arrière.

Les conducteurs principaux des convois et les mécaniciens conducteurs des machines isolées devront être munis d'un signal d'arrêt.

Art. 33. — Lorsque des ateliers de réparation seront établis sur une voie, des signaux devront indiquer si l'état de la voie ne permet pas le passage des trains, ou s'il suffit de ralentir la marche de la machine.

Art. 34. — Lorsque, par suite d'un accident, de réparation ou de toute autre cause, la circulation devra s'effectuer momentanément sur une voie, il devra être placé un garde auprès des aiguilles de chaque changement de voie.

Les gardes ne laisseront les trains s'engager dans la voie unique réservée à la circulation qu'après s'être assurés qu'ils ne seront pas rencontrés par un train venant dans un sens opposé.

Il sera donné connaissance au commissaire spécial de police du signal ou de l'ordre de service adopté pour assurer la circulation sur la voie unique.

Art. 35. — La Compagnie sera tenue de faire connaître au ministre des travaux publics le système de signaux qu'elle a adopté ou qu'elle se propose d'adopter pour les cas prévus par le présent titre. Le ministre prescrira les modifications qu'il jugera nécessaires.

Art. 36. — Le mécanicien devra porter constamment son attention sur l'état de la voie, arrêter ou ralentir la marche en cas d'obstacles, suivant les circonstances, et se conformer aux signaux qui lui seront transmis ; il surveillera toutes les parties de la machine, la tension de la vapeur et le niveau d'eau de la chaudière. Il veillera à ce que rien n'embarrasse la manœuvre du frein du tender.

Art. 37. — A cinq cents mètres au moins avant d'arriver au point où une ligne d'embranchement vient croiser la ligne principale, le mécanicien devra modérer la vitesse de telle manière que le train puisse être complétement arrêté avant d'atteindre ce croisement, si les circonstances l'exigent.

Au point d'embranchement ci-dessus désigné, des signaux devront indiquer le sens dans lequel les aiguilles sont placées.

A l'approche des stations d'arrivée, le mécanicien devra faire les dispositions convenables pour que la vitesse acquise du train soit complétement amortie avant le point où les voyageurs doivent descendre, et de telle sorte qu'il soit nécessaire de remettre la machine en action pour atteindre ce point.

Art. 38. — A l'approche des stations, des passages à niveau, des courbes, des tranchées et des souterrains, le mécanicien devra faire jouer le sifflet à vapeur pour avertir de l'approche du train.

Il se servira également du sifflet comme moyen d'avertissement, toutes les fois que la voie ne lui paraîtra pas complétement libre.

Art. 39. — Aucune personne autre que le mécanicien et le chauffeur ne pourra monter sur la locomotive ou sur le tender, à moins d'une permission spéciale et écrite du directeur de l'exploitation du chemin de fer.

Sont exceptés de cette interdiction les ingénieurs des ponts et chaussées, les ingénieurs des mines chargés de la surveillance, et les commissaires spéciaux de police. Toutefois, ces derniers devront remettre au chef de la station ou au conducteur principal du convoi une réquisition écrite et motivée.

Art. 40. — Des machines dites *de secours* ou *de réserve* devront être entretenues constamment en feu et prêtes à partir, sur les points de chaque ligne qui seront désignés par le ministre des travaux publics, sur la proposition de la Compagnie.

Les règles relatives au service de ces machines seront également déterminées par le ministre, sur la proposition de la Compagnie.

Art. 41. — Il y aura constamment, au lieu de dépôt des machines, un wagon chargé de tous les agrès et outils nécessaires en cas d'accident.

Chaque train devra, d'ailleurs, être muni des outils les plus indispensables.

Art. 42. — Aux stations qui seront désignées par le ministre des travaux publics, il sera tenu des registres sur lesquels on mentionnera les retards excédant dix minutes pour les parcours dont la longueur est inférieure à cinquante kilomètres, et quinze minutes pour les parcours de cinquante kilomètres et au delà. Ces registres indiqueront la nature et la composition des trains, le nom des locomotives qui les ont remorqués, les heures de départ et d'arrivée, la cause et la durée du retard.

Ces registres seront représentés à toute réquisition aux ingénieurs, fonctionnaires et agents de l'administration publique chargés de la surveillance du matériel et de l'exploitation.

Art. 43. — Des affiches placées dans les stations feront connaître au public les heures de départ des convois ordinaires de toute sorte, les stations qu'ils doivent desservir, les heures auxquelles ils doivent arriver à chacune des stations et en partir.

Quinze jours, au moins, avant d'être mis à exécution, ces ordres de service seront communiqués en même temps aux commissaires royaux, au préfet du département et au ministre des travaux publics, qui pourra prescrire les modifications nécessaires pour la sûreté de la circulation ou pour les besoins du public.

TITRE V.

DE LA PERCEPTION DES TAXES ET DES FRAIS ACCESSOIRES.

Art. 44. — Aucune taxe, de quelque nature qu'elle soit, ne pourra être perçue par la Compagnie qu'en vertu d'une homologation du ministre des travaux publics.

Art. 45. — Pour l'exécution de l'article qui précède, la Compagnie devra dresser un tableau des prix qu'elle a l'intention de percevoir, dans la limite du maximum autorisé par le cahier des charges, pour le transport des voyageurs, des bestiaux, marchandises et objets divers, et en transmettre en même temps des expéditions au ministre des travaux publics, aux préfets des départements traversés par le chemin de fer et aux commissaires royaux.

Art. 46. — La Compagnie devra, en outre, dans le plus court délai et dans les formes énoncées en l'article précédent, soumettre ses propositions au ministre des travaux publics pour les prix de transport non déterminés par le cahier des charges, et à l'égard desquels le ministre est appelé à statuer.

Art. 47. — Quant aux frais accessoires, tels que ceux de chargement, de déchargement et d'entrepôt dans les gares et magasins du chemin de fer, et quant à toutes les taxes qui doivent être réglées annuellement, la Compagnie devra en soumettre le règlement à l'approbation du ministre des travaux publics, dans le dixième mois de chaque année. Jusqu'à décision, les anciens tarifs continueront à être perçus.

Art. 48. — Les tableaux des taxes et des frais accessoires approuvés seront constamment affichés dans les lieux les plus apparents des gares et stations des chemins de fer.

Art. 49. — Lorsque la Compagnie voudra apporter quelques changements aux prix autorisés, elle en donnera avis au ministre des travaux publics, aux préfets des départements traversés et aux commissaires royaux.

Le public sera en même temps informé, par des affiches, des changements soumis à l'approbation du ministre.

A l'expiration du mois à partir de la date de l'affiche, lesdites taxes pourront être perçues, si, dans cet intervalle, le ministre des travaux publics les a homologuées.

Si des modifications à quelques-uns des prix affichés étaient prescrites par le ministre, les prix modifiés devront être affichés de nouveau et ne pourront être mis en perception qu'un mois après la date de ces affiches.

Art. 50. — La Compagnie sera tenue d'effectuer avec soin, exactitude et célérité, et sans tours de faveur, les transports des marchandises, bestiaux et objets de toute nature qui lui seront confiés.

Au fur et à mesure que des colis, des bestiaux ou des objets quelconques arriveront au chemin de fer, enregistrement en sera fait immédiatement avec mention du prix total dû pour le transport. Le transport s'effectuera dans l'ordre des inscriptions, à moins de délais demandés ou consentis par l'expéditeur, et qui seront mentionnés dans l'enregistrement.

Un récépissé devra être délivré à l'expéditeur, s'il le demande, sans préjudice, s'il y a lieu, de la lettre de voiture. Le récépissé énoncera la nature et le poids des colis, le prix total du transport et le délai dans lequel ce transport devra être effectué.

Les registres mentionnés au présent article seront représentés à toute réquisition des fonctionnaires et agents chargés de veiller à l'exécution du présent règlement.

TITRE VI.

DE LA SURVEILLANCE DE L'EXPLOITATION.

Art. 51. — La surveillance de l'exploitation des chemins de fer s'exercera concurremment :

Par les commissaires royaux ;

Par les ingénieurs des ponts et chaussées, les ingénieurs des mines et par les conducteurs, les gardes-mines et autres agents sous leurs ordres ;

Par les commissaires spéciaux de police et les agents sous leurs ordres.

Art. 52. — Les commissaires royaux seront chargés :

De surveiller le mode d'application des tarifs approuvés et l'exécution des mesures prescrites pour la réception et l'enregistrement des colis, leur transport et leur remise aux destinataires ;

De veiller à l'exécution des mesures approuvées ou prescrites pour que le service des transports ne soit pas interrompu aux points extrêmes des lignes en communication l'une avec l'autre ;

De vérifier les conditions des traités qui seraient passés par les Compagnies avec les entreprises de transport par terre ou par eau, en correspondance avec les chemins de fer, et de signaler toutes les infractions au principe de l'égalité des taxes ;

De constater le mouvement de la circulation des voyageurs et des marchandises sur les chemins de fer, les dépenses d'entretien et d'exploitation, et les recettes.

Art. 53. — Pour l'exécution de l'article ci-dessus, les Compagnies seront tenues de représenter, à toute réquisition, aux commissaires royaux leurs registres de dépenses et de recettes, et les registres mentionnés à l'art. 50 ci-dessus.

Art. 54. — A l'égard des chemins de fer pour lesquels les Compagnies auraient obtenu de l'État soit un prêt avec intérêt privilégié, soit la garantie d'un minimum d'intérêt, ou pour lesquels l'État devrait entrer en partage des produits nets, les commissaires royaux exerceront toutes les autres attributions qui seront déterminées par les règlements spéciaux à intervenir dans chaque cas particulier.

Art. 55. — Les ingénieurs, les conducteurs et autres agents du service des ponts et chaussées seront spécialement chargés de surveiller l'état de la voie de fer, des terrassements et des ouvrages d'art et des clôtures.

Art. 56. — Les ingénieurs des mines, les gardes-mines et autres agents du service des mines seront spécialement chargés de surveiller l'état des machines fixes et locomotives employées à la traction des convois, et, en général, de tout le matériel roulant servant à l'exploitation.

Ils pourront être suppléés par les ingénieurs, conducteurs et autres agents du service des ponts et chaussées, et réciproquement.

Art. 57. — Les commissaires spéciaux de police et les agents sous leurs ordres sont chargés particulièrement de surveiller la composition, le départ, l'arrivée, la marche et les stationnements des trains, l'entrée, le stationnement et la circulation des voitures dans les cours et stations, l'admission du public dans les gares et sur les quais des chemins de fer.

Art. 58. — Les Compagnies sont tenues de fournir des locaux convenables pour les commissaires spéciaux de police et les agents de surveillance.

Art. 59. — Toutes les fois qu'il arrivera un accident sur le chemin de fer, il en sera fait immédiatement déclaration à l'autorité locale et au commissaire spécial de police, à la diligence du chef du convoi. Le préfet du département, l'ingénieur des ponts et chaussées et l'ingénieur des mines, chargés de la surveillance, et le commissaire royal, en seront immédiatement informés par les soins de la Compagnie.

Art. 60. — Les Compagnies devront soumettre à l'approbation du ministre des travaux publics leurs règlements relatifs au service et à l'exploitation des chemins de fer.

TITRE VII.

DES MESURES CONCERNANT LES VOYAGEURS ET LES PERSONNES ÉTRANGÈRES AU SERVICE DU CHEMIN DE FER.

Art. 61. — Il est défendu à toute personne étrangère au service du chemin de fer :

1° De s'introduire dans l'enceinte du chemin de fer, d'y circuler ou stationner ;

2° D'y jeter ou déposer aucuns matériaux ni objets quelconques ;

3° D'y introduire des chevaux, bestiaux ou animaux d'aucune espèce ;

4° D'y faire circuler ou stationner aucunes voitures, wagons ou machines étrangères au service.

Art. 62. — Sont exceptés de la défense portée au premier paragraphe de l'article précédent, les maires et adjoints, les commissaires de police, les officiers de gendarmerie, les gendarmes et autres agents de la force publique, les préposés aux douanes, aux contributions indirectes et aux octrois, les gardes champêtres et

forestiers dans l'exercice de leurs fonctions et revêtus de leur uniforme ou de leurs insignes.

Dans tous les cas, les fonctionnaires et les agents désignés au paragraphe précédent seront tenus de se conformer aux mesures spéciales de précaution qui auront été déterminées par le ministre, la Compagnie entendue.

Art. 63. — Il est défendu :

1° D'entrer dans les voitures sans avoir pris un billet, et de se placer dans une voiture d'une autre classe que celle qui est indiquée par le billet ;

2° D'entrer dans les voitures et d'en sortir autrement que par la portière qui fait face au côté extérieur de la ligne du chemin de fer ;

3° De passer d'une voiture dans une autre, de se pencher au dehors.

Les voyageurs ne doivent sortir des voitures qu'aux stations, et lorsque le train est complétement arrêté.

Il est défendu de fumer dans les voitures ou sur les voitures et dans les gares ; toutefois, à la demande de la Compagnie et moyennant des mesures spéciales de précaution, des dérogations à cette disposition pourront être autorisées.

Les voyageurs sont tenus d'obtempérer aux injonctions des agents de la Compagnie pour l'observation des dispositions mentionnées aux paragraphes ci-dessus.

Art. 64. — Il est interdit d'admettre dans les voitures plus de voyageurs que ne le comporte le nombre de places indiqué conformément à l'art. 14 ci-dessus.

Art. 65. — L'entrée des voitures est interdite :

1° A toute personne en état d'ivresse ;

2° A tous individus porteurs d'armes à feu chargées ou de paquets qui, par leur nature, leur volume ou leur odeur, pourraient gêner ou incommoder les voyageurs.

Tout individu porteur d'une arme à feu devra, avant son admission sur les quais d'embarquement, faire constater que son arme n'est point chargée.

Art. 66. — Les personnes qui voudront expédier des marchandises de la nature de celles qui sont mentionnées à l'art. 21 devront les déclarer au moment où elles les apporteront dans les stations du chemin de fer.

Des mesures spéciales de précaution seront prescrites, s'il y a lieu, pour le transport desdites marchandises, la Compagnie entendue.

Art. 67. — Aucun chien ne sera admis dans les voitures servant au transport des voyageurs ; toutefois, la Compagnie pourra placer dans des caisses de voitures spéciales les voyageurs qui ne voudraient pas se séparer de leurs chiens, pourvu que ces animaux soient muselés, en quelque saison que ce soit.

Art. 68. — Les cantonniers, gardes-barrières et autres agents du chemin de fer devront faire sortir immédiatement toute personne qui se serait introduite dans l'enceinte du chemin, ou dans quelque portion que ce soit de ses dépendances où elle n'aurait pas le droit d'entrer.

En cas de résistance de la part des contrevenants, tout employé du chemin de fer pourra requérir l'assistance des agents de l'administration et de la force publique.

Les chevaux ou bestiaux abandonnés qui seront trouvés dans l'enceinte du chemin de fer seront saisis et mis en fourrière.

TITRE VIII.

DISPOSITIONS DIVERSES.

Art. 69. — Dans tous les cas où, conformément aux dispositions du présent règlement, le ministre des travaux publics devra statuer sur la proposition d'une Compagnie, la Compagnie sera tenue de lui soumettre cette proposition dans le délai qu'il aura déterminé, faute de quoi le ministre pourra statuer directement.

Si le ministre pense qu'il y a lieu de modifier la proposition de la Compagnie, il devra, sauf le cas d'urgence, entendre la Compagnie avant de prescrire les modifications.

Art. 70. — Aucun crieur, vendeur ou distributeur d'objets quelconques ne pourra être admis par les Compagnies à exercer sa profession dans les cours ou bâtiments des stations, et dans les salles d'attente destinées aux voyageurs, qu'en vertu d'une autorisation spéciale du préfet du département.

Art. 71. — Lorsqu'un chemin de fer traverse plusieurs départements, les attributions conférées aux préfets par le présent règlement pourront être centralisées en tout ou en partie dans les mains de l'un des préfets des départements traversés.

Art. 72. — Les attributions données aux préfets des départements par la présente ordonnance seront, conformément à l'arrêté du 3 brumaire an IX, exercées par le préfet de police dans toute l'étendue du département de la Seine, et dans les communes de Saint-Cloud, Meudon et Sèvres, département de Seine-et-Oise.

Art. 73. — Tout agent employé sur les chemins de fer sera revêtu d'un uniforme ou porteur d'un signe distinctif; les cantonniers, gardes-barrières et surveillants pourront être armés d'un sabre.

Art. 74. — Nul ne pourra être employé en qualité de mécanicien conducteur de train, s'il ne produit des certificats de capacité délivrés dans les formes qui seront déterminées par le ministre des travaux publics.

Art. 75. — Aux stations désignées par le ministre, les Compagnies entretiendront les médicaments et moyens de secours nécessaires en cas d'accident.

Art. 76. — Il sera tenu dans chaque station un registre coté et parafé, à Paris, par le préfet de police, ailleurs, par le maire du lieu, lequel sera destiné à recevoir les réclamations des voyageurs qui auraient des plaintes à former, soit contre la Compagnie, soit contre ses agents. Ce registre sera présenté à toute réquisition des voyageurs.

Art. 77. — Les registres mentionnés aux art. 9, 20 et 42 ci-dessus seront cotés et parafés par le commissaire de police.

Art. 78. — Des exemplaires du présent règlement seront constamment affichés, à la diligence des Compagnies, aux abords des bureaux des chemins de fer et dans les salles d'attente.

Le conducteur principal d'un train en marche devra également être muni d'un exemplaire du règlement.

Des extraits devront être délivrés, chacun pour ce qui le concerne, aux mécaniciens, chauffeurs, gardes-freins, cantonniers, gardes-barrières et autres agents employés sur le chemin de fer.

Des extraits, en ce qui concerne les règles à observer par les voyageurs pendant le trajet, devront être placés dans chaque caisse de voiture.

Art. 79. — Seront constatées, poursuivies et réprimées, conformément au titre III de la loi du 15 juillet 1845, sur la police des chemins de fer, les contraventions au présent règlement, aux décisions rendues par le ministre des travaux publics, et aux arrêtés pris, sous son approbation, par les préfets, pour l'exécution dudit règlement.

NAPOLÉON CHAIX ET Cie

www.ingramcontent.com/pod-product-compliance
Lightning Source LLC
Chambersburg PA
CBHW072007270326
41928CB00009B/1571

* 9 7 8 2 0 1 4 5 0 1 2 9 2 *